移动互联网芯片技术体系研究

陈新华　苏梅英　曹立强　著

電子工業出版社
Publishing House of Electronics Industry
北京 • BEIJING

内 容 简 介

近年来，集成电路技术急速发展，特别是移动互联网芯片技术，知识迭代不断加快，新技术不断涌现。本书在比较全面、系统地介绍移动互联网芯片产业概况、主要终端芯片、主要技术体系的基础上，详细阐述了 MEMS 芯片设计的方法和移动互联网芯片先进封装可靠性检测研究的相关内容。

本书可供广大移动互联网芯片技术领域的工程师、研发人员、技术管理人员和科研人员阅读参考，也可以作为相关专业高年级本科生和研究生的参考书。

图书在版编目（CIP）数据

移动互联网芯片技术体系研究 / 陈新华，苏梅英，曹立强著. —北京：电子工业出版社，2021.1
ISBN 978-7-121-38899-6

Ⅰ. ①移… Ⅱ. ①陈… ②苏… ③曹… Ⅲ. ①移动通信－芯片－技术体系－研究
Ⅳ. ①TN929.53

中国版本图书馆 CIP 数据核字（2020）第 052375 号

责任编辑：马洪涛　　文字编辑：张　京　　曹　旭
印　　刷：三河市鑫金马印装有限公司
装　　订：三河市鑫金马印装有限公司
出版发行：电子工业出版社
　　　　　北京市海淀区万寿路 173 信箱　　邮编：100036
开　　本：720×1 000　1/16　印张：12.5　字数：240 千字
版　　次：2021 年 1 月第 1 版
印　　次：2021 年 1 月第 1 次印刷
定　　价：79.00 元

凡所购买电子工业出版社图书有缺损问题，请向购买书店调换。若书店售缺，请与本社发行部联系，联系及邮购电话：（010）88254888，88258888。

质量投诉请发邮件至 zlts@phei.com.cn，盗版侵权举报请发邮件至 dbqq@phei.com.cn。

本书咨询联系方式：liuxl@phei.com.cn，（010）88254538。

前　言

芯片又被称为集成电路，被誉为高端制造业皇冠上的明珠和现代工业的“心脏”。芯片产业是支撑经济社会发展和保障国家安全的战略性、基础性和先导性产业，对推动国家的经济高质量发展、保障国家安全都具有十分重要的意义。因此我国亟须突破芯片“卡脖子”困境，攻克核心技术，打造中国芯，形成关键技术自主可控能力。另外，近年来，人工智能、5G/6G、大数据和区块链等新技术不断涌现，新的移动互联网应用和业务的多样化和多元化需求为我国相关科技的创新突破和产业转型升级提供了宝贵的机遇。

根据国务院发布的相关文件，“到 2025 年，70%的核心基础零部件、关键基础材料实现自主保障”。在此过程中，我国移动互联网芯片的自给率迫切需要不断提升。移动互联网已广泛渗透到社会及各行各业中，移动互联网芯片是移动互联网终端处理器的运算核心和控制核心，在移动互联网产业的主要零部件中，芯片成本占总成本 40%以上，几乎相当于显示屏、触摸屏、摄像模组、电池、机械零件之和，市场规模庞大。而芯片的更新换代又会催生移动互联网产业的不断优化升级。移动互联网芯片技术体系的发展水平已成为一个国家移动互联网产业发展水平的重要标志。同时，作为智力密集型行业，芯片产业的发展离不开相关科技的攻关和相关基础及高端人才的培养，以构建我国集成电路相关领域的创新创业生态体系。

本书主要针对智能手机、平板电脑等移动互联网终端的芯片进行分析和研究。首先分析了移动互联网芯片的产业基本情况、发展关键因素、挑战和机遇；然后对移动互联网芯片主要组成体系进行了分析；接着介绍了移动互联网芯片的主要技术体系，包括芯片设计技术、制造工艺技术和封装测试技术等的现状和趋势。在此基础之上，结合本团队的相关研究成果，重点介绍了 MEMS 微波功率传感器芯片设计与模拟研究和移动互联网芯片先进封装可靠性检测研究的情况。

本团队研究工作先后得到北京市自然科学基金面上项目（No.8202015）、北京市优秀人才培养资助项目（No. 2017000020124G005）、教育部产学合作协同育人项目（No. 20190107001）、北京建筑大学市属高校基本科研业务费项目（No. X18253）和北京高等学校高水平人才交叉培养“实培计划”等相关项目的支持，在此表示感谢！

著　者

目 录

第 1 章

绪　论

1.1　芯片产业概况

智能手机及平板电脑所代表的移动互联网领域已经完全引领了芯片行业的发展方向。移动互联网设备上游的芯片产业也正经历着巨变。芯片产业也被称为集成电路产业或半导体产业，是技术密集和资金密集型产业。芯片产业链可以粗略地划分成 IP（Intellectual Property）厂商、IC（Integrated Circuit）设计厂商和芯片制造厂商、制造上游的原材料商、制造设备商及制造下游的封装测试厂商。随着我国移动互联网的发展，芯片设计、芯片制造与封装测试三者的格局在不断优化，其中，芯片设计产业比例呈逐年上升之势。目前，芯片设计产业占比已超过 38%，而芯片制造产业占比为 27%，封装测试产业占比则进一步下降至 33%。

图 1.1 所示为芯片产业整体关系图。产业链各环节的领先者都在积极打造和拓展自己的生态体系，试图拥有更多的话语权。图中，IP 核基础架构产业主要提供知识产权、开发核心微处理器指令集和试验不同领域的不同内核结构；IC 设计产业主要融合自身优势，基于微处理器核加上外围电路，设计芯片架构及集成多种功能，这些设计可以决定工艺水平。在移动互联网芯片产业链中，ARM 内核凭借低功耗设计、开放的授权模式、强大的生态系统已经几乎完全统治市场。也正因为如此，Intel X86 的 Atom 处理器把突破的方向瞄准平板电脑市场，MIPS 架构把希望寄托在可穿戴设备等新兴市场。但近年来新兴的 RISC-

V 架构以灵活、精简、开源等特性备受关注，在移动互联网、物联网、人工智能芯片等领域潜力巨大，有望成为国产芯片从源头开始自主设计的新机遇。

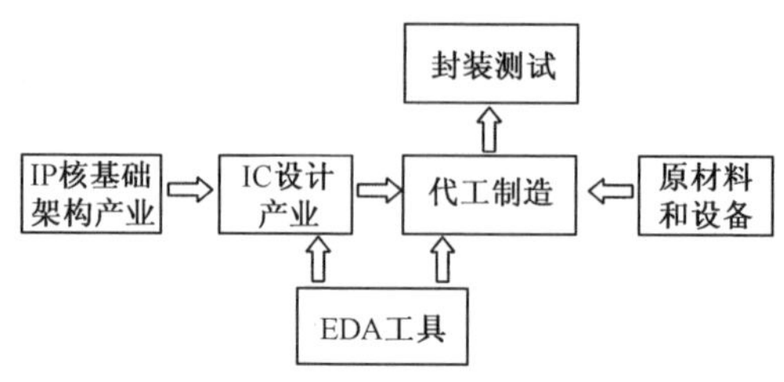

图 1.1　芯片产业整体关系图

在芯片制造环节，工艺制程是关键。移动互联网产品对芯片的功耗控制要求越来越高。相比芯片架构优化带来的功耗降低，工艺制程提升带来的功耗降低立竿见影，且越来越明显地决定着芯片的功耗表现。台积电是芯片代工领域的领导者，其先进制程在很大程度上决定了芯片设计厂商旗舰产品的功耗水平和推向市场的时间。芯片市场的激烈竞争也传导到芯片制造领域，以往几年一代制程升级换代，现在加速到几乎每年一换代，这对制造商的技术储备和资金能力都提出了极高的要求，竞争门槛越来越高。2019 年的数据显示，全球十大晶圆代工厂中，台积电市场份额占比超过了 50%；三星的占比增长到了 19%左右，位于第二名；而排在第三的格芯的占比只有 9%左右；排在第四的联电的占比在 7%左右；中兴国际的占比只有 5%左右。可见，芯片制造领域已经形成强者恒强的格局。

芯片封装和测试是芯片制造的最后环节，简而言之，是将芯片代工厂（Foundry）所产的集成电路裸片（Die）装配为芯片最终产品，并起到连通芯片内外部电路、保护芯片不被环境因素影响的作用，之后进行芯片性能测试，检测是否满足所设计的功能及性能指标要求。封测能直接影响芯片的成本、性能、功耗、良率等重要指标，也是芯片最终产品性能提升、跨架构跨平台、功能创新的催化剂。

1.2　影响芯片产业走向的关键因素

影响芯片产业走向的关键因素主要包括生态体系构建、芯片技术研发、工艺制程、用户与伙伴等。

1.2.1 生态体系构建

芯片领域的竞争门槛本质上是生态体系所形成的壁垒，尤其是在竞争激烈、快速迭代的移动互联网芯片市场中，已有的主导生态体系的优势很难逆转。目前，ARM 生态体系已占有稳固优势，芯片行业趋向收敛，会陆续有公司退出，兼并重组亦会此起彼伏。

IP 厂商的生态体系壁垒最为明显，几乎所有 IC 厂商均采用 ARM 内核设计芯片，OS 厂商首先支持 ARM 内核，应用开发者也优先给予适配，这样强劲的生态体系基本将 MIPS、X86 内核从手机领域踢出。产业链其他环节的领导者也在构建自己的生态体系。高通（Qualcomm）联合器件供应商推广器件认证，通过 QRD 参考设计聚集终端厂商等，搭建以芯片商为中心的产品生态体系。台积电建立大联盟，包含 EDA（Electronic Design Automation）、IP、IC 设计企业及设备商、材料商等，建立代工制造领域的完备生态体系。

目前，产业加快竞合，生态格局逐步明晰。近年来移动互联网芯片产业在分工细化的基础之上，始终处于一个不断盘整的过程，尤其是移动互联网芯片设计行业的横向整合态势在加剧。有通过收购、合并来实现市场进入的，如 2010 年 Intel 收购英飞凌无线业务，进入基带芯片市场；2011 年 Nvidia 收购 Icera，提升自身通信能力。也有逐步转型并逐渐退出的，如 2012 年 TI 将投入重点转向嵌入式应用领域；2013 年意法爱立信解体，退出移动互联网芯片市场；2014 年博通退出基带芯片市场等。大浪淘沙，强者愈强。虽然整个行业分工细化及各种开发的授权模式降低了进入的门槛，但实际上存活并实现持续发展的难度越来越高，移动互联网芯片产业的集中化态势明显，技术覆盖面越广的企业其竞争实力越强，提供完整解决方案成为企业的一致目标。移动互联网芯片产业生态格局初步明晰。

从移动互联网芯片架构来看，ARM 成为移动互联网芯片基础架构的绝对垄断者，并以内核和架构两种授权模式构建了庞大的生态体系。X86 凭借 Intel 进入移动互联网芯片领域，但市场份额不足 10%；MIPS 也存有少量终端芯片产品。从移动互联网芯片设计来看，初步呈现“三梯队”分布的态势：高通、三星、苹果领衔第一梯队，占据全球超过 60%的市场份额，也始终是移动互联网芯片设计技术的引领者；第二梯队以联发科、Marvell、Intel 等为代表，占有约 30%的市场份额，设计技术至少落后第一梯队半代以上，国内企业展讯和海思目前也位列其中；余下的百余家企业组成了第三梯队，合计市场份额只有 10%左右。中国展讯和海思的芯片设计技术已取得一定进步，在国际舞台初露头角。从移动互联网芯片制造看，先进的高端工艺集中态势日渐增强，特别是能够进入 10nm 以下制程的全球代工厂，目前只有台积电和三星；进入 10nm 以下制程的第三家和第四家企业可能为 Intel 和中芯国际。其他公司，由于投资太大，客户越来越少，投资风险较高。台联电和 Global Foundries 均已放弃 7nm 先进工艺的研发。

1.2.2 芯片技术研发

技术发展在任何一个行业中都是影响竞争走向的重要因素，在移动互联网芯片这个技术密集型行业中更是如此。低功耗、高性能、集成化、整体体验优化将是芯片技术发展的主要方向。各厂商在技术方面的投入、前瞻性、战略判断等会体现到其新产品的竞争力上，进而影响竞争格局，如 ARM 推出 V8 架构，将移动互联网芯片带入 64 位时代；高通率先推出支持 LTE-A 的第 4 代多模多频芯片。

即使是当前产业链中的巨无霸企业，如果在技术上保守不前，也将被取代或边缘化。技术竞争是比冲刺、比耐力的持久战。拥有集团整体优势的企业在新技术发展方面会有一定的整合优势，如海思可以充分利用华为在网络设备领域的既有资源领先竞争对手进行芯片与网络之间的联调测试，加快新技术研发进度。

1.2.3 工艺制程

芯片的制程是表征集成电路尺寸的参数，芯片工艺制程决定了代工厂的先进程度。传统制程和先进制程的分界点是 28nm。按摩尔定律，制程从 0.5μm、0.35μm、0.25μm、0.18μm、0.15μm、0.13μm、90nm、65nm、45nm、32nm、28nm、22nm、14nm，一直发展到现在的 10nm、7nm、5nm。目前，工艺制程在芯片产业链中的地位和重要性日益凸显，Intel、台积电、三星引领着先进制程的方向。由于 Intel 尚未全面开放芯片代工业务，台积电和三星的制程进展对众多 Fabless

芯片厂商至关重要。先进工艺的前期跟进（产品设计阶段）、先进产能的争夺对高通、苹果的新品上市尤为重要，台积电、三星、苹果、高通也在为此博弈。

1.2.4 用户与伙伴

芯片厂商下游的用户包括 OEM、IDH（Independent Design House）等厂商的支持，对芯片厂商的发展至关重要，是芯片厂商良性发展的关键一环，并且马太效应明显，越主流的厂商和芯片平台，会有越多的下游用户使用。OS 等合作伙伴会优先适配支持，应用开发者也蜂拥而至，优先开发，在这方面 ARM、苹果、高通、MTK 是其中的翘楚。

1.2.5 政策扶持

国家或区域对产业的政策扶持也深刻影响着芯片产业的发展。从我国台湾省、韩国的移动互联网芯片产业快速崛起的历史经验中可以看出，在追赶世界领先水平的前二三十年都是依靠政府持续不断的大力扶持的。自 2014 年我国正式发布《国家集成电路产业发展推进纲要》以来，各地纷纷出台地方移动互联网芯片扶持政策，国内芯片产业发展迎来前所未有的机遇。

1.3 我国移动互联网芯片发展的机遇与挑战

经过多年发展，我国移动互联网产业已经具备强大的产业基础，规模庞大，体系完备，成长起以华为等为代表的一大批世界知名企业，在全球相关产业领域具有日益重要的地位，从一个侧面体现了中国工业化进程中取得的重大成就。与国际工业化国家的先进产业水平相比，我国移动互联网芯片发展目前主要面临以下几方面的机遇与挑战。

1.3.1 后来居上的创新机遇

1. 我国拥有全球最大、增长最快的移动互联网芯片市场

在全球芯片市场中，目前我国占比已超过 50%，仍将持续扩大。在国内庞

大的智能终端市场支持下，国内终端企业在全球产业中的地位快速提升，华为、联想、中兴已进入全球前十，在主流及入门市场中，中国企业更是成为创新主力。国内移动互联网芯片企业经过多年发展，在技术及市场方面已取得一定的突破和积累，并积极参与国际市场的竞争与合作，在全球产业地位得以提升的同时，也在迅速跟进全球技术发展趋势，并与国际巨头形成良好的合作关系，如高通与中芯国际、展讯与台积电等，为将来更好地借鉴和利用国际优势资源、提升自身竞争实力奠定了良好的基础。“中国芯”的兴起，以及国际专利壁垒的减弱，使得欧美芯片厂商技术优势逐渐消失。

未来我国移动互联网智能终端仍将保持蓬勃发展的态势。国内巨大的市场优势及终端产能优势，为后续芯片企业与终端企业深化合作、提高芯片国产化率创造了更多发展机遇。

2. AI、5G/6G、3D 封装、MEMS 等新技术、新终端与应用推动产业不断变革

信息技术正不断造就新的热点，并与传统工业更为紧密地融合，这将成为未来移动互联网芯片产业持续发展的直接动力。新兴应用领域也为移动互联网芯片产业发展提供了助力。基于独特的本土市场和当前面临的创新机遇，中国移动互联网芯片产业完全可以做到后来居上。在某些领域，中国可以战略布局、重点突破。我国在某些地方投入比别国更大，加上我国的巨大市场，完全可以做到技术超车。我国本土市场非常独特，鉴于国外大公司不能快速、有效响应，我国的很多小公司反而具有很好的发展机会。另外，集成电路制造工艺在进入 10nm 之后已经逐渐进入瓶颈，生产技术正孕育新的突破，如异质架构器件、3D 制造、3D 封装、纳米材料、纳米级工艺节点设计等，传统工艺特别是数模混合领域还有很大市场空间。这也是我国集成电路产业实现后来居上的良好时机。

特别是近年来涌现的 AI、5G/6G 等新技术，既是机遇也是挑战。实现万物互联、万物智联是 5G 的目标，庞大的接入数量、高速度和大量碎片化的应用场景，对移动互联网芯片的性能、功耗、尺寸、计算能力和可靠性等方面都会提出更高的要求。而 AI 领域数据的膨胀，需要移动互联网芯片能够提供海量算力与内存容量，据分析，每 3.43 个月，AI 新型算法都将需要高达 10 倍的试验算力。

目前我国移动互联网芯片行业取得长足发展，在全球的影响力逐步攀升。移动互联网芯片关键技术紧跟全球发展趋势，并形成自身创新技术特色。我国

移动互联网芯片产业已初步实现技术和市场的双重突破。此外，国内资本市场非常活跃，大量资金进入资本市场为国内移动互联网芯片企业直接融资提供了良好条件。随着股票发行注册制的实施等，国内企业的直接融资渠道将更为通畅，从而为产业的加速发展提供了资金上的有力保障。在 AI、5G/6G 等新技术和应用的促进下，我国移动互联网芯片产业将继续保持快速增长的势头。

3. 政策引导将为移动互联网芯片产业发展注入新鲜活力

我国政府一贯以来高度重视芯片产业发展，早在 2014 年，我国就出台了《国家集成电路产业发展推进纲要》等多项支持政策和优惠措施。未来国家将继续实施更为有力的扶持举措，这无疑将为国内移动互联网芯片产业的持续发展提供有力保障。此外，我国北京、上海、天津、安徽、山东等各省市也均有本地区扶持政策、产业投资基金或专项资金，以促进芯片设计等产业的发展。随着下游产业在我国的不断集中，移动互联网芯片产业会不断向我国集中，这也符合市场吸引产业的经济规律。

1.3.2　未来升级的挑战和短板

在当前的移动互联网产业发展形势下，我国移动互联网芯片要实现进一步突破升级，在市场拓展、技术提升、产业合作等方面仍面临不少挑战和短板。国产移动互联网芯片厂商和国际厂商的差距主要体现在：一是商业模式上的差距，美国有很多 IDM 公司（整合元器件制造商），韩国有从头到尾的产业链，而国内企业大多各自为战，没有清晰的模式；二是龙头企业的差距；三是生产工艺和技术上的差异；四是资本差距，国际厂商通过并购做大，国内厂商缺乏相应的资本。

1. 多变的国际环境，芯片企业生存环境恶化

移动互联网芯片具有高度的全球竞争性。2019 年，全球动荡的贸易局势对芯片的设计、制造、封装三大产业环节均产生了影响。调查数据显示，2019 年全球芯片行业的产值下滑了将近 10%。同时，中美之间的科技战迫使国内芯片企业加速成长，国内芯片企业对自主创新的需求越来越强烈。

2. 顶层设计和制度安排仍需继续加强

目前国内移动互联网领域难以形成推动产业跨越式发展的合力，政策、市场、资本等方面的顶层设计和制度安排都有待进一步完善。

一是政策资源分散，各类支持产业发展的政策与资源出自多个部门，资源较为分散，难以从顶层统筹协调。

二是重复建设导致中低端产品结构性过剩。各省（市、区）在加快发展信息产业的过程中，过度依赖资源开发、发展模式雷同、产业结构趋同等现象非常普遍。地方政府在招商引资过程中通常过度依赖行政干预，没有充分发挥市场机制的作用，因此出现了不同程度的重复建设问题，导致产业结构的失衡和资源的浪费。

3. 自主创新能力和技术积累需要继续加强

除通信等少数细分行业外，我国大陆地区移动互联网产业普遍存在技术基础较差的问题，并且进步速度较慢，所以与国际先进水平的差距越来越大。

一是缺乏核心技术，关键环节受制于人。如我国大陆地区移动互联网芯片的制造工艺刚实现 14nm 芯片量产，而三星和台积电在 2015 年就已相继实现 14nm 芯片量产，相比目前争霸 5nm 的工艺，落后了两代约 5 年。此外，由于先进光刻机受限，我国的芯片制造环节依旧是最大的短板。

二是技术积累不足，累计专利数量较少。虽然近年来中国专利的数量大幅提高，但是质量依然远落后于美国、日本等发达国家。而且技术方面积累的不足，使我国一直很难取得可持续的移动互联网芯片竞争优势，缺少对产品进行定义的能力。

三是研发投入强度低，技术进步速度较慢。Intel、微软等国际巨头的研发投入强度长期保持 10%以上，高通的研发投入强度甚至长期超过 20%；在研发投入总量和投入强度均远远落后于跨国公司巨头的情况下，想要实现追赶和超越显然不切实际。

关键技术能力缺失或落后、竞争力不足还会导致移动互联网芯片企业面临较大的核心知识产权风险，这在制造业尤其突出。核心技术存在短板，如关键 IP 核掌握不足；关键技术能力缺失或落后，竞争力不足。移动互联网芯片企业面临较大的核心知识产权风险，不管是无线通信技术本身，还是芯片设计时采用的 IP 核授权。我国企业仍存在核心专利缺失的现状，在芯片研发和商用过程中，大量采用第三方 IP 核来降低设计门槛的代价是缴纳大量专利使用费。这些费用的支出，不但增加了我国移动互联网芯片企业产品的成本，而且加重了对国外 IP 核的依赖程度，在一定程度上降低了芯片产品的核心研发能力和市场竞争力。

4. 产业链应进一步完善，以更好地发挥协同创新作用

一是产业链关键环节薄弱或缺失，受制于人。中国移动互联网产业的高端设备、材料和元器件严重依靠进口，高端产品远远不能自给。处理器、操作系统、数据库等整个产业链对国内企业几乎封闭；平板显示器件的玻璃基板、偏光板等上游产品被国外巨头垄断。移动互联网芯片已连续多年位列我国大宗货物进口前三，且高性能移动互联网芯片绝大多数以进口为主。

二是缺乏整合产业链上下游资源的能力，难以发挥协同创新作用。随着技术的发展和市场竞争的加剧，移动互联网领域对企业的产业链整合能力要求越来越高。然而，国内移动互联网芯片、平板显示、元器件、电子材料等领域的企业，在国际竞争中缺乏主导权和话语权，难以实现资源的整合和发挥协同创新作用。

三是资金和人才等产业要素配置亟待改善。

此外，射频芯片等企业关键元器件“空心化”现象严重，很多关键元器件依赖进口。国内材料工艺水平落后，元器件领域国外巨头专利壁垒严密，对我国产业突破核心技术造成了很大困难，严重制约了我国移动通信元器件的设计、研发和生产。同时，部分关键元器件、测试软件、仪器仪表等目前仍受到国外企业的垄断控制，国内芯片及终端企业在研发测试环境的建设方面存在一定的缺口。国内芯片设计与制造产业间的协同互动仍需加强，只有产业链、创新链与金融链密切配合，才能进一步促进国内移动互联网芯片产业做大做强。

5. 国内市场需求有缺位，对国外市场过度依赖

虽然我国移动互联网产业销售收入连年增长，但是国内外市场需求均存在一些亟待解决的问题。

一是国内需求未得到有效释放，我国移动互联网产业发展未能充分发挥大国大市场的支撑作用。中国有近 500 家移动互联网芯片设计企业，但是总营业

收入远少于美国高通公司。虽然中国移动互联网企业近年来一直快速成长，但仍与国际大企业存在很大差距。

二是知名品牌不多。

三是盈利能力不强。中国移动互联网企业与国际水平的差距不仅体现在规模和品牌上，更体现在盈利能力上。

第2章

移动互联网主要终端芯片

移动互联网芯片是移动通信终端中所涉及芯片的统称，具体包括实现终端通信功能的基带芯片和射频芯片、承载终端操作系统和丰富移动互联网应用的应用处理器、实现终端感知能力的传感器芯片及 GPS、蓝牙、Wi-Fi 等外围芯片。其中，基带芯片和应用处理器是智能终端核心功能的保证，也成为目前移动互联网芯片发展的关键。另外，随着智能终端对计算机、服务器等更多其他终端设备的不断再造，移动互联网芯片的应用范畴也在不断延展。就目前发展来看，智能手机/平台 PC 中所涉及的基带芯片、应用处理器和可穿戴芯片是发展的热点所在。

图 2.1 所示为移动互联网终端主芯片构造示意图。移动互联网终端设备采用的芯片种类很多，其中，最主要的芯片是主芯片（SoC 或独立 AP）、基带芯片和射频芯片等。大部分智能手机芯片采用了系统级芯片（System-on-Chip，SoC）的设计方式，在同一芯片上集成了处理器、模拟和数字 IP 核、存储器，这样可以使芯片的功耗最低、面积最小。SoC 一般分为应用处理器（Application Processor，AP）和基带处理器（Baseband Processor，BP）两个处理模块。应用处理器（AP）主要控制操作系统、应用程序等，主要集成了中央处理器（CPU）、图形处理器（GPU）和人工智能（AI）芯片等。基带处理器（BP）的主要任务是处理移动网络信号的传输、编码与解码，以及手机拨号和网络连接等，其中负责信号接收与发射的部分称为射频（Radio Frequency，RF）芯片，负责编码与解码的部分称为调制解调器（Modem）。此外，SoC 还包括存储芯片、蓝牙芯片、Wi-Fi 芯片和 GPS 芯片等模块。

目前，移动互联网芯片呈现以下趋势：应用处理器和基带处理器并重、外围加速；多功能集成单芯片及 Turnkey 一体化解决方案仍是发展的重要方向；移动互联网芯片仍在加速向更多领域渗透，影响未来格局；存储市场不断着眼于用户体验提升。

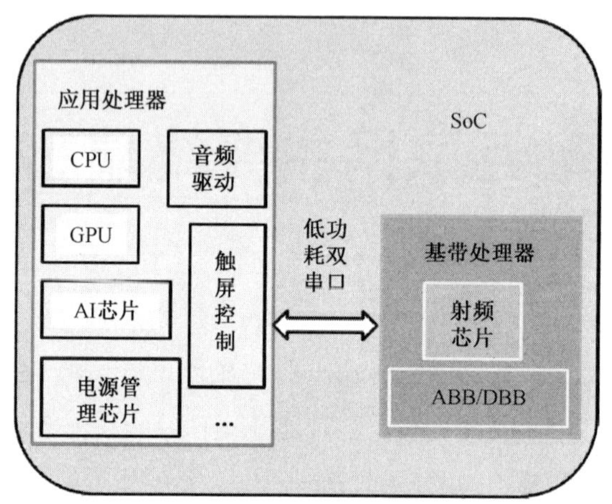

图 2.1　移动互联网终端主芯片构造示意图

2.1　基带处理器

2.1.1　基带芯片

基带芯片是移动互联网设备通信的中枢，它控制射频芯片，共同实现通信功能，技术核心在于对通信协议算法及信号的处理。基带芯片与移动通信制式的升级紧密相关，特别是在 5G 时代，其与传统移动互联网最大的区别在于网络能力，5G 的主要特点在于数据传输速率更快、传输带宽更大、连接数量更多。而网络能力主要是由移动互联网终端的基带芯片决定的。基带芯片具有高投入、回报周期长等特点，目前只有 5 家厂家能够制造 5G 基带芯片，分别是高通、华为、联发科、三星、紫光展锐，而 TI、英飞凌、博通、瑞萨、STE 等芯片巨头相继退出，基带芯片的研制能力基本上决定了主要芯片厂商的市场地位和竞争能力。

市场上主要 5G 基带芯片参数表如表 2.1 所示。

表 2.1　市场上主要 5G 基带芯片参数表

厂商	芯片型号	工艺	基带	基带方式	组网支持	频段支持	发布日期	商用情况
华为	麒麟 990 5G	7nm EUV	巴龙 5000	集成	NSA/SA	Sub-6GHz	2019.9.6	2019.9 已商用
联发科	天玑 1000	7nm	Helio M70	集成	NSA/SA	Sub-6GHz	2019.11.26	2019.12 已商用
高通	骁龙 865	7nm	X55	外挂	NSA/SA	Sub-6GHz 毫米波	2019.12.4	未商用
三星	猎户座 990	7nm EUV	Exynos 5123	外挂	NSA/SA	Sub-6GHz 毫米波	2019.10.24	未商用 计划未知

多模移动终端基带芯片成为必然，即最终在一颗基带芯片上支持所有的移动网络和无线网络制式，包括 3G、4G、5G 和 Wi-Fi 等，多模移动终端可实现全球范围内多个移动网络和无线网络间的无缝漫游。多种通信模式汇集在一颗芯片内会大大增加芯片的实现难度，不仅要设计通用的移动通信模式实现平台，还要在有限的尺寸范围内为每种通信模式增设特有的加速单元，MCU 上和不同模式子系统之间还要考虑模式切换所必需的通信管理。MCU 上的软件复杂程度变高，不同模式子系统间因为要共享一些数据（如基站信号强度）也需要进行一些数据的直接交换。多模终端的一大技术要点是通信模式的切换，这就需要基带芯片的支持。因此，多模终端必须能够智能探测不同模式的信号强度，自动完成模式切换，这一切最好都在用户感觉不到的情况下进行。多模基带的模式自动切换带来了额外的设计难度，需要将多种模式的协议栈紧密糅合、各自的物理层之间还有必要的数据通信。各种通信模式相互切换的规范和算法使得 MCU 上多种模式协议栈的糅合成为可能，物理层信息共享则可通过在不同 DSP 子系统间建立简单直连（如寄存器或 SPI 等）进行。若所有的通信模式都封装在一颗芯片上，则由一个主控处理器控制时模式切换相对简单。目前能做到单芯片支持全模的只有高通一家。大部分终端基带方案都采用两颗甚至多颗基带芯片的组合，如 CDMA/GSMg 基带+LTE 基带，两颗基带芯片间通过 SPI、SDIO、USB 等通信。

基带芯片的技术门槛高、研发周期长、资金投入大（从开始研发到一次流片动辄以百万美元为单位）、竞争激烈，因此如果“站错队”或者成品稍晚一步则容易陷入步步皆输的结局。很多厂商相继放弃基带业务，如飞思卡尔、德州仪器、博通、英伟达。

2.1.2 射频芯片

射频芯片指的是将不同频率的无线通信电信号，通过射频信号收发、频率合成、功率放大，转换和处理成一定的无线通信电信号波形，并通过天线谐振发送出去的电子元器件，包括射频开关（Switch）、射频低噪声放大器（LNA）、射频功率放大器（PA）、双工器（Duplexers）、射频滤波器（Filter）等部分。射频芯片主要应用于智能手机等移动互联网终端，是移动终端通信的核心组件，其技术创新推动了移动通信技术的不断发展，是现代通信技术的基础，被称为“模拟芯片皇冠上的明珠”。

5G 对射频前端芯片也提出了很高的要求，并对传统射频厂商产生了深远的影响。新的射频将以超高频频段发布，前端模块的密度要更大，以进行新的频段集成，天线调谐器和多路复用器的规格也需更为复杂。从国际竞争力来看，射频芯片领域的市场主要被 Qrovo、Skyworks 和 Broadcom 等海外巨头所垄断，我国射频芯片还处在中低端水平。与处理器等芯片不同，射频芯片的突破点主要在新设计、新工艺和新材料三个方面。目前，国内具备射频芯片设计的公司有紫光展锐、唯捷创芯、中普微、中兴通讯等。在射频芯片封装方面，为了减小 5G 射频的寄生参数，需要采用倒装芯片封装（Flip-Chip）、扇入封装（Fan-In）和扇出封装（Fan-Out）等封装技术。这是由于 5G 射频信号有较高的频率，导致电路中连线对电路性能的影响更大，封装时需要减小信号线的长度；另外也需要减小封装体积，以方便下游终端厂商使用。

2.2 应用处理器

应用处理器类似于 CPU，主要实现计算功能，承载操作系统、处理人机交互和丰富的移动互联应用，保证了移动智能终端核心功能的实现，成为移动互联网芯片发展创新的关键。

应用处理器以计算能力为中心实现快速升级。移动终端智能化直接带动应用处理器成为核心之一，为满足移动应用创新对计算能力升级的需求，应用处理器始终围绕多核复用及架构升级进行着快速的能力升级。除应用处理器本身在设计技术方面的提升外，在移动操作系统、开放 API 接口、应用开发等多方面亦需同步优化，对企业的研发提出了更大的挑战。

2.2.1　CPU

随着移动互联网的普及，通信功能已经不是手机的唯一功能，手机已经变为移动互联网智能终端，替代了 PDA 功能及计算机的部分功能。随着苹果 iOS 及谷歌 Android 操作系统的迅速普及，智能手机芯片的发展日新月异。智能手机芯片发展体现在如下几个方面：多频多模移动通信技术的普及、高性能的 CPU/GPU 处理器、越来越高的集成度、不断演进的先进工艺、更高性能的先进封装技术。CPU 及 GPU 的能力也成为智能手机最重要的指标之一。目前，智能手机芯片中的 CPU 以 ARM 处理器为主，而 GPU 则以 Imagination 公司的 PowerVR 系列、ARM 公司的 Mali 系列及 Vivantec 公司的 GC 系列为主。CPU 的作用毋庸置疑，当前移动互联网设备领域的“核战争”此起彼伏，从单核到双核，甚至 4 核、8 核都已经为许多消费者所熟知。而随着显示、游戏等领域的需求日渐提升，GPU 也越来越为人们所重视。在 CPU 领域，ARM 已经成为移动产品的霸主，虽然 Intel 投入巨资尝试切入手机市场，但因为 ARM 具有强大的生态系统的力量，Intel 一时难以有大的突破。

2.2.2　GPU

GPU 即图形处理器，是一种专门在个人计算机、工作站、游戏机和一些移动设备（如平板电脑、智能手机等）上进行图像运算工作的微处理器，拥有很强的浮点运算能力。它与 CPU 有明显区别：一是相比于 CPU 的串行计算，GPU 采用了并行计算，同时使用大量运算器实现计算问题的过程，有效提高了计算机系统的计算速度和处理能力，它的基本思想是用多个处理器来共同求解同一问题，即将被求解的问题分解成若干个部分，各部分均由一个独立的处理器来并行计算；二是 GPU 的结构中没有控制器，所以 GPU 无法单独工作，必须由 CPU 进行控制调用才能工作，GPU 更适合处理简单大量的、类型统一的数据。与 CPU 领域相比，ARM 作为新进入者，凭借捆绑销售等策略，不断蚕食领先者 Imagination 的市场份额。GPU 主导用户体验，随着“核战争”的愈演愈烈，多核 CPU 处于性能过剩状态。未来两年移动处理器将朝着为软件服务、提升用户体验方向迈进。随着 SoC 制程的逐渐提高，GPU 所占比例也越来越高，GPU“核战争”爆发在即。智能 GPU 从传统的顶点、像素分离式植染架构，发展到统一渲染架构，标准赋予了 GPU 更强的计算能力。OpenCL、RenderScript 等标准的支持，预示着 GPU 将是大方向。

2.2.3 AI 芯片

AI 芯片也称 AI 处理器，指搭载了专门处理人工智能应用功能中所涉及的各类算法加速计算的执行载体模块，其他非加速计算的通用计算任务仍由 CPU 承担。芯片在满足 AI 算力需求和功耗两者间的兼顾和优化，是移动互联网终端的 AI 芯片发展的重要主题。通用芯片为 AI 算力提供了基础，专业芯片则主要侧重于提高 AI 性能。目前，AI 芯片主要有三个流派：第一个通过 CPU、GPU 和 FPGA 来实现，通用性较强，但效率相对不高；第二个采用专用芯片 ASIC，能针对特定应用显著提高能效比，但通用性不够；第三个采用软件可动态重构计算。此外，软硬件协同定义等技术将为 AI 芯片提供较大的灵活性与较广泛的适用场景。目前，大部分手机 AI 芯片企业的产品技术框架方案采用的是软硬异构技术。例如，华为采用了 HiAI 异构的计算平台进行神经网络的加速计算，并通过异构调度与 NPU 加速达到最佳性能，可以支持的芯片主要有 Kirin970、Kirin980 等；而联发科开发的 NeuroPilot 通过在 SoC 中内建 CPU、GPU 及 APU（AI 处理单元）等异构运算功能，提供 AI 应用所需的功效和性能。

移动互联网 AI 产业链的主要组成有 IP 授权企业、AI 芯片设计企业和晶圆代工企业三大环节。IP 授权企业可以提供 AI 加速核，主要有新思、Cadence、GUC、ARM 等企业；AI 芯片设计企业主要有苹果、高通、联发科、海思等；晶圆代工企业主要有台积电。其中，我国在 AI 芯片领域布局较早，在 AI 算法研究方面的能力也较强，在移动互联网产业的生态落地、相关场景应用等方面具有位居世界前列的能力和较为成熟的实际应用。随着 AI 框架与算法的不断迭代创新，以及 5G 网络技术的逐步推广，人工智能将极大地拓展移动互联网的 AI 应用场景，并加速应用落地。

2.2.4 电源管理芯片

电源管理芯片（Power Management IC，PMIC）是模拟芯片市场中最重要的部分之一，其主要作用为负责电能的变换、分配、检测及其他电能的管理，以及管理和控制电池的充电。电源管理芯片性能对整机系统性能具有重要意义。电源管理芯片技术发展方向主要是集成度更高、功率密度更大、耐压更强、耐流能力及能效更高等。

目前，电源管理芯片主要面临的挑战包括：减小电源噪声对电路工作的影响，更快电源速率供能及众多数量互相独立电源的管理。特别是随着摄像头的增多和支持 5G 制式所带来的更高能耗对电源管理芯片将产生更高的要求，单部手机中的 LDO、DC/DC 等电源芯片数量预计将增加 30%～50%。

2.3 存储芯片

存储芯片（Memory）是电子产品中最重要的部分之一，随着近年来涌现的万物互联等新技术所产生的急速膨胀的数据量，其重要性日益凸显。存储芯片号称半导体产业的“风向标”，其产值占整个半导体产业产值的 22%、占晶圆产能和资本支出总额的近 1/3。作为重资产、强周期、寡头竞争格局的代表，存储芯片行业历来受到关注。与面板行业类似，存储芯片行业也是一个产值巨大、需要长期巨额投入，但短期内很可能看不到回报的行业，国内由政府主导产业发展的背景其实很适合这一行业的发展。

作为半导体产业的重要一环，尽管存储芯片种类众多，但从产值构成来看，DRAM 与 NAND Flash 已经成为存储芯片产业的主要构成部分。从历史上来看，存储芯片产业不断地处于暴涨和暴跌的循环中，其周期性明显强于半导体产业整体周期性。以 DRAM 和 NAND Flash 主流产品的合约价为例，历史上出现过一年跌幅近 50%或涨幅近 100%的情况，而存储芯片企业的盈利情况也随之呈现显著的周期性变化。近年来，DRAM 与 NAND Flash 的价格尽管仍时有波动，但没有再出现暴涨暴跌的情况。存储芯片产业可能已经进入了一个“新常态”，整个产业在较长一段时间内没有产能大幅过剩的担忧，相关企业将能够保持稳定的、高水平的获利。此外，存储芯片技术发展的整体趋势是容量更大、密度更大、存储速度更快、更加节能及成本更低，主要方向有 3D NAND 的生产制造、LPDDR4 在市场上的应用、移动产品中 eMCP 的封装技术。移动互联网的应用正变得越来越广泛，如很多可穿戴产品把手机作为信息中继站，通过它，用户可以随时随地访问位于云端的个人数据库；手机厂商正把智能手机打造成为一个连接个人用户与互联网络的信息枢纽，传递着越来越广泛的数据。数据处理能力需求的大幅上升意味着对存储芯片需求的增加。这种需求不仅停留在存储容量的增大上，还包括更加可靠的性能、更低的功耗、更快的存储速度、更低的成本及更大的存储密度等。

1. eMCP 封装正在成为移动互联网设备存储的主流封装方式

可以说，我国目前大部分量产出货的智能手机等移动互联网设备都已经使用了 eMCP 封装。把 DRAM 的芯片与 RAM 芯片结合，可以带来两大好处：一是成本方面的优势；二是工艺相对简单。工艺简单，就意味着可以更快速地实现生产。研发重点主要关注三个方面：一是处理器技术，二是存储单元的架构设计，三是封装方式的发展方向。封装方式会影响到产品的整体效率及手机厂商如何使用存储设备。所以，一方面，需要开发一些新技术、新架构、新的封装方法，来满足不断提升的性能需求、可靠性需求和更低的功耗需求；另一方面，需要更多地去研究如何更妥善地使用存储设备。当前，大部分系统在使用存储设备的时候，方法与过去几代没有太大差别。所以在未来，要考虑如何用新的、更好的方法来考虑存储设备与系统整合的方式。

2. 3D NAND 将是未来方向

随着对大容量、高速度存储需求的增加，移动互联网设备搭载 NAND Flash 的容量快速增大。移动互联网设备与 SSD 已经成为 NAND Flash 最主要的需求，NAND Flash 市场相对分散，与 DRAM 三大厂商寡占的格局不同，NAND Flash 厂商数量略多一些，且市场份额也较为分散，所以历史上 NAND Flash 产业的波动比 DRAM 产业小。2019 年 NAND Flash 销量下挫 27%，而 DRAM 销量重挫 37%。目前，主要 NAND Flash 供应商，如三星、东芝、西部数据、美光、Intel、SK 海力士等，已基本实现从 2D NAND 向 3D NAND 的切换。3D NAND 能很好地体现了架构革命带来的好处，因为这样一些架构革新带来的是更高的性能、更优的可靠性。用户现在对移动手机上数据的依赖性越来越强了，因此手机存储设备的可靠性必须非常高。从平面设计到 3D 设计，这种新的架构在性能、可靠性方面都能带来极大提升。另外，存储设备的访问效率也能得到非常大的提高，读/写速度会快得多。

3. LPDDR4 X 将成为市场主流

专门为移动互联网设备设计的低功耗 LPDDR4 X 内存所需的电压较低，能够有效降低的能耗可达 40%以上，同时，存储速度更快，被认为是 5G 时代主流存储趋势而受到关注。移动设备与物联网所带动的市场需求使内存整体市场明显地朝向更小、更省电的方向发展。随着 2014 年移动互联网 DRAM 的兴起，DRAM 市场迎来转机。近几年 DRAM 的供需市场产生了很大的变化。2013 年美光（Micron Technology Group）并购日本内存大厂尔必达（Elpida）后，全球 DRAM 生产几乎由前三大公司：三星（Samsung）、SK 海力士（SKhynix）及美光所霸占，小厂只能挑选大厂已经淘汰的小众市场勉强维持。而低功耗的移动 DRAM（Mobile DRAM）逐渐取代标准型 DRAM，成为 DRAM 产业最重要的市场。随着物联网的发展，移动计算、大数据、云存储越来越多地进入人们的生活，分布式的存储方案已经成为发展方向。对原有的存储解决方案有了强烈的改进需求。此外，在存储器方面，移动互联网的发展促使内存容量迅速扩大，而不同类型的数据使用不同的存储空间，提高了存储及运行效率。随着 CPU 主频越来越高、GPU 能力越来越强大，智能手机的内存技术也显得日趋重要，甚至会成为系统瓶颈。为提高性能、减小功耗、降低系统成本，MCU 和 DSP 都有独立的 Cache(s)，片内嵌大容量静态随机读取存储器（SRAM）甚至大容量的闪速存储器（Flash RAM）。扩展存储器普遍支持同步动态随机存储器（SDRAM）和 NAND 型 Flash RAM 等。LPDDR4 X 架构可满足先进移动系统的功耗、带宽、封装、成本和兼容性等要求。

存储芯片产业由 IDM 厂商主导，如图 2.2 所示。

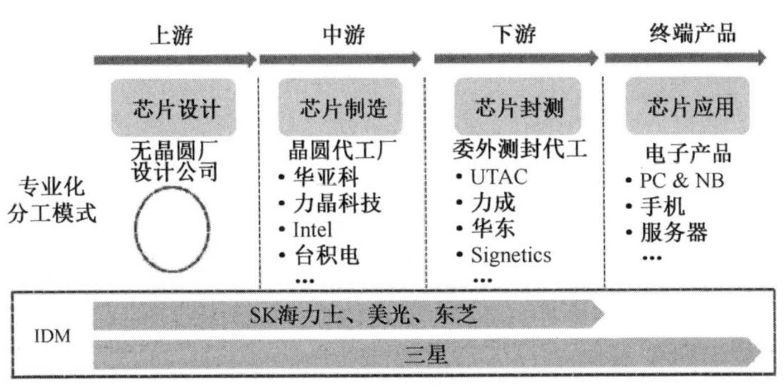

图 2.2　存储芯片产业由 IDM 厂商主导

2.4 MEMS 芯片

MEMS 芯片是一种通过集成电路制造技术和微加工技术，把微机械结构、微型传感器、微型执行器及控制处理电路甚至接口和电源等，按功能要求集成于一体的微型器件或系统。MEMS 芯片的特征长度为 1μm～1mm，而纳米级 MEMS 芯片被定义为纳机电系统（Nano-Electro-Mechanical System，NEMS）。MEMS 技术属于微电子技术与机械工程，以及热流理论、电子学、生物学等多门学科综合的工业技术。MEMS 芯片大体可分为传感器和执行器两种。传感器与计算机技术和通信技术构成了信息产业三大支柱，作为感知层，传感器在连接模拟世界和数字世界中起到不可或缺的关键作用。

MEMS 芯片技术发展主要由芯片设计、材料研发、制备工艺及封装测试几个方面一起促进。在芯片设计方面，主要综合多学科相关理论开展设计分析，需要进行系统、器件、电路及封装设计。在材料研发方面，除传统的 MEMS 已经采用的硅、压电材料、石英等外，还有一些化合物及高温超导、磁阻、铁电和热电等材料也将应用于 MEMS 开发；在制备工艺方面，典型的 MEMS 制备技术主要有以美国技术为代表的深反应离子刻蚀（DRIE）工艺等硅基制备技术、以德国技术为代表所发展的 X 射线深度光刻、激光加工、微电铸等非硅基制备技术和以日本精密加工技术发展为代表的微电火花 EDM 加工、超声波加工等技术。在封装测试方面，目前 MEMS 成本的 70%～90%为封装成本，而测试方面尚未标准化，且 MEMS 的测试复杂性与成本均比传统芯片要高。未来，MEMS 封装测试技术将在芯片封装测试技术的基础上，不断研发出专业封装测试技术及走向平台化和标准化。

目前，智能手机和平板电脑中 MEMS 芯片大概占 90%的消费类电子 MEMS 芯片市场。在这些以智能手机为代表的移动互联网设备中，MEMS 芯片广泛地应用在声学性能、定位方向、省电、切换场景、运动检测、识别手势、3D 游戏，以及温度/压力/湿度传感器和话筒（MIC）等方面，大量采用这些 MEMS 芯片，可以提升产品的智能性和用户体验。例如，iPhone 5 中应用了 4 个 MEMS 芯片传感器，三星所推出的 Galaxy S4 智能手机应用了 8 个 MEMS 芯片。未来更高端的智能手机将会应用数十个 MEMS 芯片，以实现多模多频通信、人工智能识别、增强现实（AR）、定位（LBS）等功能。未来，5G/6G、AI 和 AR/VR 等新场景应用和边缘计算等技术应用，均将对 MEMS 芯片产生大量需求，并且对 MEMS 的功耗、智能化和可靠性与成本等方面提出更高的要求。

2009 年后，我国 MEMS 产业才开始起步，产业整体发展尚处于由实验室研发向实际商用量产进行转型的阶段，产业短板依然是技术匮乏与相关人才的缺失。比例高达 90%的传感器芯片需要进口，Bosch、ST、ADI、Honeywell、Infineon、AKM 等海外大企业寡头基本垄断了主要中高端 MEMS 市场，但从中长期发展速度来看，我国 MEMS 行业的发展速度会快于国外。

第3章

移动互联网芯片主要技术体系

3.1 芯片设计

芯片设计是一个设计创意和仿真验证过程，是能够表现芯片创意、专利与知识产权的重要载体，也是芯片产业链中的关键环节，可以作为重要桥梁连接市场客户需求和芯片制造。芯片设计的主要步骤包括指令集和架构选择、逻辑设计与优化、电路设计、封装设计等。图3.1所示为芯片设计主要流程。

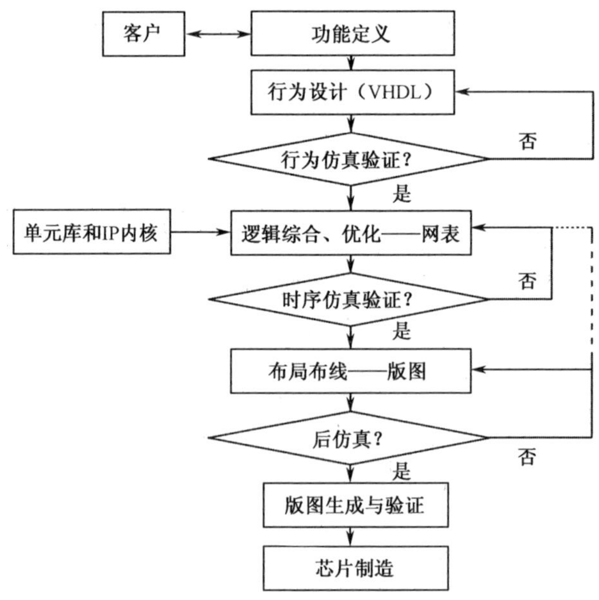

图3.1　芯片设计主要流程

近年来，移动互联网芯片功能及需求日趋多元，设计技术加速多维度升级。移动互联网芯片作为集成电路的一个重要应用领域，市场潜力无限，智能手机和平板电脑的芯片需求总和首次超过个人计算机，未来这一格局变革仍将继续增强，且伴随着移动互联网芯片技术及产业的快速升级，呈现更为复杂的发展趋势，并形成多技术路线共同演进的发展态势。

从应用处理芯片的角度来看，多核复用成为设计的重点，继 4 核之后，应用处理芯片出现两条技术升级路径：一是继续加大多核复用程度；二是通过提升单个核的能力来实现整体升级，以苹果推出的 64 位 ARM 架构芯片为代表。目前，上述两条技术路线均得到设计企业的积极响应。但该两条路线都需要得到上层的操作系统、应用等同步优化支持，芯片设计难度与挑战也更大。在设计阶段同样也有多种因素会影响芯片成本。性能与成本的平衡是设计阶段需要选择的重要因素，在同一种工艺下，标准单元的选择也会影响最终成本与性能。例如，金属层数将影响芯片的性能和面积，使用更少的金属层数可以降低成本，但是如果面积增加过多，最终成本反而会增加，需要在面积、性能、成本之间进行平衡，达到最优化的设计。

传统集中式互连架构基于总线方式，逐渐难以满足现今操作系统的性能需求，基于报文交换的片上网络（Network on Chip，NoC）逐渐成为片上多核间通信的首选互连架构。随着片上系统（System on Chip，SoC）的应用需求越来越丰富、越来越复杂，片上多核（Multiprocessor System on Chip，MPSoC）已经成为发展的必然趋势，同时 MPSoC 上集成的 IP 核数量也将按照摩尔定律继续发展。目前，MPSoC 已经逐渐应用于网络通信、多媒体等嵌入式电子设备中。随着系统性能需求越来越高，处理器核之间的互连架构必须能够提供低延迟和高吞吐率的服务，并且具有良好的可扩展性。近年来，随着 CMOS 工艺技术的发展，把微型天线和低成本、低功耗的收发器集成到单个芯片上，实现片内短距离通信的 SoC 已得到实际应用。片上射频/无线互连技术以射频微波信号的低损耗和电容耦合为基础，数据使用调幅和调相的形式调制到射频微波信号上进行传偷和交换，可有效解决片上网络互连中延时过大、带宽小等问题。为了将射频/无线互连技术引入到 NoC，以进一步解决互连与通信问题，无线 NoC（Wireless Network-on-Chip，WiNoC）互连通信体系结构已经开始应用。无线 NoC 是一种基于射频 RF 互连的新的通信架构。最新的硅集成电路技术使得集成微小且低成本的天线、接收器和发送器到单颗芯片成为可能。

目前，移动互联网终端设备从形态到技术体系已经基本稳定，但移动互联网终端设备的基础技术体系（操作系统和芯片）仍然是整个业界关注的焦点和创新的关键，对移动互联网应用的支持和构建更大的生态系统成为移动操作系统和芯片创新的主要方向。

除智能手机、平板电脑外，移动互联网芯片也正在加速渗透至可穿戴设备及智能电视等更多领域。对可穿戴设备而言，低功耗和高集成度是基本需求。根据所实现功能的差异性，目前已有的可穿戴产品大致可分为三类：一是以手环、腕带为代表的非智能化可穿戴产品，主要由传感和通信模块组成，附带简单的嵌入式操作系统，完成信息采集和信息交互等基本功能；二是以部分智能手表为代表的简单智能化可穿戴产品，由传感模块、通信模块、显示模块、应用处理模块四大模块组成，并配有简单的智能操作系统，能够实现简单的移动应用；三是以智能眼镜等为代表的复杂智能化可穿戴产品，与前者相比，其配备的应用处理模块和操作系统拥有更强大的处理性能，能够实现应用的自定义安装和使用。可穿戴设备的芯片涉及种类繁多，当前仍处于起步阶段，可用于复杂智能化可穿戴产品的应用处理器与上层操作系统匹配，和应用生态构建紧密相关，成为目前竞争的焦点所在，多家企业积极布局。

随着终端支持的频段数量不断增加，射频芯片需要提供更多的发射/接收通道，并集成更多的射频前端器件。体积、性能、干扰成为越来越大的技术挑战。前端器件宽频化、集成化（PA、开关、滤波器等）设计成为发展趋势。基带芯片和应用处理器共同构成的片上系统（SoC）方案、基带和射频一体化方案，将继续在降低芯片成本和终端设计难度方面发挥重要作用。

目前已发布的可穿戴设备大多基于成熟的移动互联网芯片产品，包括谷歌眼镜、三星手表等。未来巨大的市场潜力正吸引移动互联网芯片设计企业纷纷针对可穿戴设备推出更低功耗、更高集成度的芯片产品，如 Intel 的超小超低功耗 Quark 处理器等，可支撑更多商用可穿戴终端的发布。在智能电视领域，Mstar 已能通过一颗 SoC 芯片实现智能电视的所有功能，国内的 TCL 等企业也已开始布局智能电视芯片开发应用。除此之外，移动互联网芯片与开源硬件等的融合更为其在物联网的创新应用孕育更多可能。对于目前炙手可热的可穿戴设备而言，其终端体积决定了对功耗的要求更为苛刻，使得芯片设计企业更加致力于在保证处理能力的同时，更大幅度地降低功耗水平。与此同时，移动芯片的应用也正在向服务器及物联网等领域扩展，包括 Facebook、百度等在内的多家互联网企业已开始采用 ARM 移动芯片架构服务器。

从芯片的体系架构看，由指令集所决定的体系架构是应用处理芯片的技术基础。ARM 的出现使得移动智能终端的芯片制造业实现了两大跨越性发展：设计和制造分离、处理器架构和芯片设计分离。Intel 设计和制造一体化的模式，已极大地降低了芯片的进入门槛。ARM 以开放式的内核授权和架构授权两种模式主导了移动互联网芯片体系架构的发展，其市场份额已超过 90%。Intel 进入移动互联网芯片领域多年，但始终未取得实质性突破，但长期来看，随着 Intel 4 核平台的推出，将持续放大自身在计算性能的优势、顺应市场需求不断降低价格、工艺始终保持领先升级并进一步优化能耗，其有望进一步扩大市场空间。ARM 和 Intel 的处理器基础架构之争将愈演愈烈。

3.1.1　IP 核/Chiplet 与 SoC 设计

基于 IP 核复用技术的 SoC 设计方法已成为移动互联网芯片设计的主流设计方法。根据摩尔定律可知，芯片的制程和工艺发展存在固定的速率，而芯片设计技术进步约滞后于芯片制造技术进步 20%。如果依赖制程工艺的发展提高芯片性能，则芯片的设计会被局限于每 18 个月才更新一次，在当今信息爆炸、日常应用日渐复杂的时代，这一滞后程度已成为制约移动互联网芯片进一步发展的关键。受动态功耗、亚阈值漏电流功耗、器件性能可靠性和体积及全局互连线方面特殊要求等因素影响，SoC 由于集成度高、功耗低、功能完善、成本低、体积小等优势，已成移动互联网芯片设计的主流方案。

SoC 是一种通过统一总线将 IP 核聚集连接起来的结构，包含片上总线、SDRAM/DRAM、MPU 核、RTOS 内核、DSP、Flash ROM、A/D、D/A、网络协议栈等模块单元的软/硬件系统级集成。SoC 主要有三大技术支撑：知识产权 IP 核复用技术、软/硬件协同设计技术和超深亚微米 VDSM（Very Deep Sub Micron）工艺，其中知识产权 IP 核复用技术在移动互联网芯片 SoC 设计中居于核心地位。软/硬件协同设计技术是指在芯片系统并行设计中，通过对软件和硬件部分进行权衡与协同开发而达到系统层次的要求。SoC 软/硬件协同设计技术具有如下特点。

（1）可重用的设计性。通过 IP 核及软件构件库的建立，将可重用 IP 核设计思想融入软件和硬件划分、协同验证、SoC 开发与实现和验证测试整个芯片设计周期。

（2）可以支持系统任务在软件和硬件设计之间的相互移植，使系统能实现最优的决策方式。

目前 SoC 软/硬件协同设计技术的现状和研究热点如下。

（1）软件和硬件划分。软件和硬件划分能直接影响最终产品的性能和价格，这也是软/硬件协同设计技术最主要的挑战。软件和硬件划分基本原则为“低功耗、高速通过硬件来实现，小批量和多品种通过软件来对应”；专用硬件和处理器并用，从而使功耗降低并提高处理速度。焦点问题主要有：固定所需划分的目标体系结构及未知的目标体系结构、IPC 高层的考虑、带有时序安排的划分和流水线及并行设计。目前已开始采用遗传算法或混沌分形迭代技术，以获得最佳软件和硬件划分方案。

（2）缺少标准的表达方法。目前，器件接口和功能模型描述、可编程逻辑综合技术等的进步大大降低了软/硬件协同设计的技术难度。

（3）不同供应商 IP 核模块之间的集成。SoC 中的 IP 核来源不一，在同一仿真条件下，会出现一致性问题，目前只能依赖移动互联网芯片设计师的经验，根据所出现问题的特殊性对其进行修改及描述。

（4）SoC 多层次协同仿真模拟技术。SoC 设计的协同仿真模拟远比传统芯片设计的仿真复杂，需要考虑硬件与软件模块的交互仿真。SoC 多层次协同仿真模拟技术是重要方向，如将系统级与 RTL 级同时进行模拟仿真，可以加快仿真进程。超深亚微米 VDSM 工艺也称纳米级芯片设计技术。除连线延迟等传统问题外，超深亚微米 VDSM 工艺芯片设计技术还需要考虑信号完整性、连线延迟大于单元延迟等问题。

IP 核是指已经预先设计好并经过实际验证的具有某种特定功能的 IP 逻辑模块。根据实现形式和应用层次，IP 核一般分为软 IP 核、固 IP 核和硬 IP 核。IP 核是芯片常用设计模块，通过利用 IP 设计，目前芯片设计可以不从零起步，而是基于某些已经成熟的 IP 核开展芯片功能的添加。IP 核的设计基础是实现某种处理器指令集架构（Instruction Set Architecture，ISA）。指令集是一种编码集合，是可以通过不同代码进行读/写等操作表达完成各种运算的命令标准。处理器指令集架构决定了功能的实现方式，IP 核决定了处理器性能，具体的 SoC 决定了处理器的具体功能范围。

芯粒（Chiplet）模式最早是 2015 年由 Marvell 公司提出的，但直到 2019 年年底才逐步引起业界的重视，Chiplet 模式类似 IP，是以裸片（Die）到裸片（Die）的形式提供的，构成 SiPs（System in Packages）多功能异构芯片的模式。Chiplet 模式的最大优势在于便于分析先进工艺节点早期的一些复杂高速的模拟或接口电路是否正常，并可以更好地解决场景化灵活性问题。但 Chiplet 模式尚面临功耗、规模化和实现等方面的挑战。

3.1.2　指令集

1. ARM 架构在移动互联网芯片领域仍占有优势地位

在设计环节，最重要的一步就是进行指令集架构的选择。处理器指令集通常可划分为四类：一是复杂指令集运算（Complex Instruction Set Computing，CISC），CISC 指令集的每个指令都可执行若干低阶操作。一条指令就能完成很多功能，从而减少了对内存的访问次数，减小了缓慢的存储器访问对程序性能的影响，但 CISC 指令集中的各种指令的使用频率相差悬殊，大约有 20%的指令会被反复使用，占整个程序代码的 80%，而余下 80%的指令却不经常使用。指令数目多且复杂，指令编码格式混乱，导致编码器复杂，流水线设计较为困难；指令不定长，也带来指令对齐方面的额外挑战，因此付出了性能的代价。其代表架构为 X86 架构的微处理器。二是精简指令集运算（Reduced Instruction Set Computing，RISC），RISC 指令集概念是加利福尼亚大学伯克利分校的 David Pattern 在 1979 年首先提出的。RISC 效率较高，更容易进行流水线设计。其代表架构为 ARM 系列微处理器和 MIPS 系列微处理器。三是显式并行指令集运算（ExplicitlyParallel Instruction Computing，EPIC），EPIC 是一种融合 CISC 和 RISC 两种技术长处的体系结构，它充分运用现代编译程序强大的对程序执行过程的调度能力，由专用的 EPIC 编译器首先分析源代码，根据指令之间的依赖关系最大限度地挖掘指令级的并行性，从而确定哪些指令可以并行执行，然后把并行指令放在一起并重新排序，提取并调度其指令集的并行性，并将这种并行性通过属性字段“显式”地告知指令执行部件。其代表架构为 Intel 公司 IA-64 架构的 Itanium/Itanium 纯 64 位微处理器。另外，一些 64 位的 Linux 及一些 64 位的 UNIX 也可以采用 IA-64（EPIC）架构。四是超长指令字（Very Long Instruction Word，VLIW）。VLIW 是 20 世纪 80 年代由美国的 Multiflow 和 Cydrome

公司所设计的体系结构，它通过将多条指令放入一个指令字，把许多条指令连在一起，以能并行执行，有效提高了 CPU 各计算功能部件的利用率，提高了程序的性能。

指令集架构 ISA 暂时还没有统一标准，主要的 ISA 有属于 CISC 指令集的 X86 和 RISC 指令集的 ARM、MIPS、POWER、SPARC 的指令集架构。其他还有应用在小型主机领域的 Sparc、Alpha 等各种各样的指令集。国内几家 CPU 科研机构就分别选择了 X86、MIPS、Sparc、Alpha、ARM 指令集，早年甚至还有机构选择了 Intel 的 Itanium 使用的 EPIC 指令集。由于软件必须在编译后才能在某种指令集平台上运行，绝大多数闭源软件仅仅会对少数一两个平台编译，因此，支持某种指令集的软件应用越多，这种指令集也就越有市场优势，新开发的微架构只需要兼容某种指令集，就可以很容易地运行大量为其开发的软件。在苹果与谷歌两大操作系统平台的推动下，ARM 指令集占据着绝对的市场优势，从而使 ARM 系列微处理器架构在当前的商业化架构中最为成功。但对于新的 CPU 研发单位来说，很难取得热门指令集的兼容授权。取得 X86 授权的几家厂商要么是取得时间较早（AMD、Cyrix、IDT），要么是有高水平技术与 Intel 交易（Transmeta，以功耗控制技术同 Intel 交易）。在我国移动互联网芯片单位的早期研发中，由于 X86 授权的限制，只能通过其他授权方解决指令集授权问题。一直以来，ARM 公司在指令集的授权方面限制非常严格，能得到 ARM 公司指令集授权的公司只有高通、Intel 及博通，而且取得方式也是技术交换的形式。近几年来，ARM 在指令集的授权方面开始逐渐放宽。至今，ARM 虽然在全球拥有大约 1000 个授权合作公司，但购买 ARM 指令集架构授权的不过区区 15 家。

随着全球芯片消费市场向移动化迁移的趋势愈加明显，ARM 的领先优势不断增强并逐步占据移动互联网芯片领域的优势地位。移动 SoC 整合优势已成为 ARM 阵营芯片厂商攻城略地的利器。移动 SoC 将组合芯片的整合度提升至一个新的水平，使其成为一款结合移动基频、应用处理器与无线连接等更多功能的单芯片，有效降低了移动互联网终端的开发成本，缩短了周期，已成为主流的芯片产品开发方式。移动 SoC 设计是性能、功耗、稳定性、工艺等多方面的平衡，当前正持续向更高集成度演进，芯片封装调试难度也在不断加大。高通和 MTK 受益于在技术和应用上的成功“卡位”，及早实现了基带、处理器、RF、PMU 的 SoC 高度集成和套片整合，占据了生态系统的制高点，其他移动互联网芯片公司商除三星、苹果自给自足外，市场竞争范围将进一步集中。

ARM 公司经营模式为只出售 IP 核，而不涉足具体芯片的生产或出售。为加快处理器的运行速度，ARM 的 RISC 指令集运算芯片体系设计侧重于低功耗、低成本。随着移动互联网的发展，ARM 发展得非常迅速。ARM 架构从 v4、v4T、v5、v5E、v6，发展到 v7，其中 v7 又分为 v7-A、v7-R、v7-M 等多种。与 CISC 相比，ARM 系列微处理器的 RISC 架构体系执行速率更高。ARM 系列微处理器的 RISC 指令集运算芯片体系特点如下：①功耗低、体积较小、性能高、成本低；②可通过寄存器完成大部分数据任务，执行指令的速度较迅速；③执行指令的效率较高，寻址较灵活；④指令长度固定，格式统一、种类少、寻址方式少，可多流水线作业，复杂操作也可以通过对简单指令进行相互组合而实现。虽然这样的设计可以提高处理效率，但在遇到复杂的指令时，就需要用更多的简单指令来完成复杂任务。由于在第一次智能手机革命中，大部分智能手机运行的操作系统都比较简单，所以手机厂商和系统公司都选择了 ARM 构架的处理器来匹配当时的智能手机。在进入第二次智能手机革命时期后，移动互联网的硬件性能不断提升，ARM 构架的单个芯片便难以驾驭 iOS 和 Android 这种复杂的操作系统，为了能够与不断升级的 iOS 和 Android 系统达成操作上的一致，ARM 构架的处理器必须不断升级核心数量，最终通过多个指令来完成复杂的任务操作。

此外，ARM 还借由低功耗优势快速切入新兴的可穿戴设备市场，以多设备协同加速生态圈构建。ARM 架构处理器因其低功耗优势，不仅广泛应用于传统嵌入式应用领域，更是当下国际主流知名可穿戴产品的首选。在移动可穿戴设备领域，ARM 依旧占据主导地位，目前主要应用场景包括智能眼镜、智能手表和智能腕带三类产品，且知名产品居多，如谷歌眼镜、Pebble 智能手表、Fitbit 智能腕带等。此外，ARM 还积极建设开源 mbed 物联网芯片开发平台，助力可穿戴产品、智能机与云端协同工作，突破数据存储、计算瓶颈。mbed 提供免费开发工具和基础开源软硬件，帮助快速开发基于 ARM 架构的创新设备，同时将连接器、传感器、云端服务软件组件和开发工具加以整合，打造动态合作的生态系统。

X86 架构是历史上最成功的指令集架构之一。X86 构架属于典型的 CISC，指令集丰富，指令不等长，善于执行复杂工作，更强调串行性能，它的整体运算能力要比只为移动而生的 ARM 架构强大。X86 构架自进军移动市场后，依靠着 Intel 在 PC 市场积累下来的经验和技术，在单核、双核的情况下就能展现出强劲的性能，并且可以与 ARM 构架的 4 核处理器相抗衡。即使性能上得到了保证，也无法进行大范围的芯片普及和系统应用兼容完善，导致市面上采用 X86 构架的移动产品较少。全球第一款基于 Intel 芯片的 X86 架构手机是联想与 Intel 合作开发的 Android 智能手机——联想 K800，在首款 X86 架构智能手机获得行业认可后，Intel 终于打响移动芯片的“反击战”。X86 架构的 CISC 微处理器移动互联网芯片设计体系具有较丰富的指令集，通过单个或多个指令就可以工作，因此编译任务大大减少。这种芯片设计体系具有如下特点：①使用微代码，指令集可以直接在微代码记忆体里执行，对于新设计的处理器，只需增加较少的电晶体就可以执行同样的指令集，就可以很快地编写新的指令集程式。②拥有庞大的指令集，X86 拥有包括双运算元格式、寄存器到寄存器、寄存器到记忆体及记忆体到寄存器的多种指令类型，为实现复杂操作，微处理器除向程序员提供类似各种寄存器和机器指令的功能外，还通过存储于只读存储器（ROM）中的微程序来实现极强的功能，微处理器在分析完每一条指令之后都执行一系列初级指令运算来完成所需的功能。X86 指令体系的优势体现在能够有效缩短新指令的微代码设计时间，允许实现 CISC 体系机器的向上兼容，新的系统可以使用一个包含早期系统的指令集合。另外，微程式指令的格式与高阶语言相匹配，因而编译器并不一定要重新编写。相较于 ARM RISC 指令体系，其缺点主要包括四个方面：①通用寄存器规模小，X86 指令集只有 8 个通用寄存器，而 RISC 系统的通用寄存器通常较多，并采用了重叠寄存器窗口和寄存器堆等技术，使寄存器资源得到充分的利用；②解码器影响性能表现，解码器的作用是把长度不定的 X86 指令转换为长度固定的类似于 RISC 的指令，并交给 RISC 内核。解码方式主要有：通过硬件进行快速解码，主要处理对象为简单指令；对复杂 X86 指令利用软件进行较慢而复杂的微解码；③X86 指令集寻址范围小，约束用户需要；④ARM RISC 单个指令长度固定，性能一般但结构简单，运行效率稳定，而 X86 CISC 运算能力强大，单个指令长度不同，但结构较复杂。

MIPS 是斯坦福大学教授 John Hennessy 在 20 世纪 80 年代设计的典型 RISC CPU。MIPS（无内锁流水线微处理器，Microprocessor without Interlocked Piped Stages）的设计基于以下理念：使用相对简单的指令，结合优秀的编译器及采用流水线执行指令的硬件，可以用更少的晶元面积生产更快的处理器。1984 年成立了 MIPS 计算机系统公司，以对 MIPS 架构进行商业化。随后，MIPS 架构在工作站、服务器系统及移动互联网等许多方面进行了拓展。国内的龙芯处理器采用的就是 MIPS 架构。2012 年 11 月该公司被英国 CPU 制造商 Imagination

Technologies 收购后，在 2013 年 10 月 22 日推出了首款 MIPS Series5 “Warrior P-class” CPU。MIPS 系列微处理器主要具有五个优势：①较早就支持运行 64 位的指令与操作，截至目前 MIPS 已面向高中低端市场先后发布了 P5600 系列、I6400 系列和 M5100 系列 64 位处理器架构，其中 P5600、I6400 系列单核性能分别达到 3.5 DMIPS/MHz 和 3.0 DMIPS/MHz，即单核每秒分别可处理 350 万条和 300 万条指令，处理速度超过 ARM Cortex-A53 的 230 万条每秒；②MIPS 有专门的除法器，可以执行除法指令；③MIPS 的内核寄存器比 ARM 多一倍，在同样的性能下 MIPS 的功耗比 ARM 低，在同样功耗下性能比 ARM 高；④MIPS 指令比 ARM 稍微多一些，执行部分运算更为灵活；⑤MIPS 在架构授权方面更为开放，允许授权商自行更改设计，如更多核的设计。同时，MIPS 架构也存在一些不足之处：①MIPS 的内存地址起始有问题，这导致 MIPS 在内存和缓存的支持方面都有限制，即 MIPS 单内核无法面对高容量内存配置；②MIPS 技术演进方向是并行线程，类似 Intel 的超线程，而 ARM 未来的发展方向是物理多核，从目前核心移动设备的发展趋势来看，物理多核占据了上风；③MIPS 虽然结构更加简单，但是到现在还是顺序单/双发射，而 ARM 则已经进化到了乱序双/三发射，同时，执行指令流水线周期远不如 ARM 高效；④MIPS 的学院派发展风格导致其商业进程远远滞后于 ARM，当 ARM 与高通、苹果、Nvidia 等芯片设计公司合作大举进攻移动终端时，MIPS 还停留在高清盒子、打印机等小众市场产品中；⑤MIPS 自身系统的软件平台也较为落后，应用软件与 ARM 体系相比要少很多。

2. 以 RISC-V 为代表的开源指令集架构提供了源头自主机会

近年来，开源架构芯片逐渐兴起，这是由于商业模式创新使芯片设计门槛降低，此外，软件方面也不断有新的开源替代方案。其中，以 RISC-V 为代表的指令集架构渐成开源之势，也为我国指令集架构提供了源头自主机会。

RISC-V 架构发明于 2010 年，开发人员主要有美国加利福尼亚大学伯克利分校的 Krste Asanovic、Andrew Waterman 和 Yunsup Lee 等。作为后起之秀，该架构借助了既有精简指令集（Reduced Instruction Set Computer，RISC）的经验，采用了更加现代化的设计。表 3.1 为主要指令集架构对比。通过表 3.1 可见，RISC-V 架构主要有开源、免费、简单、灵活几大优势和多核异构等特点。但同时，RISC-V 架构还存在不少挑战，包括是否能安全稳定运行还需要充分验证，尚缺少成熟的开发工具与验证工具，易碎片化，特别是针对移动互联网和 PC 市场而言，生态远未完整和成熟。

表 3.1 主要指令集架构对比

特性	架构篇幅	模块化	可扩展性	指令数目	易实现性	其他特点
X86	数千页	不支持	不支持	繁多，不同架构分支不兼容	硬件实现复杂度高	主要应用于 PC 处理器、服务器市场，仅通过芯片销售
ARM	数千页	不支持	不支持	繁多，不同架构分支不兼容	硬件实现复杂度高	移动互联网市场，需 IP 授权
RISC-V	少于 300 页	支持	支持	基础指令集只有 40 多条，总指令数仅几十条，一套指令集支持所有架构	硬件设计与编译器实现较简单	开源、免费、可商用、模块化、灵活，可多核异构

随着 5G/6G、AI 和物联网等的发展，RISC-V 架构在这些行业的芯片领域潜力巨大，受到的关注越来越多，也可以为“中国芯”从源头实现芯片自主提供新机遇。

3.1.3 微架构

移动互联网芯片系统的整体性能除与处理器核的性能有关之外，与系统的架构、缓存与频率也关系密切。因此，架构的提升是必需的，也是唯一能凌驾于摩尔定律之上的发展力量。移动互联网芯片架构之间的不同已成为影响芯片最终竞争结果的最重要因素。微架构已成为影响移动互联网芯片功耗比的重要因素。

移动互联网芯片架构是微架构（Microarchitecture）和指令集设计的结合。微架构与指令集是两个概念：指令集是 CPU 选择的语言，而微架构是具体的实现。CPU 的基本组成单元即为核心（Core），多个核心可以同时执行多个计算任务，核心的实现方式就是微架构。微架构又称微体系结构/微处理器体系结构，是指将一种给定的指令集架构（ISA）在处理器中执行并实现的方法。一种给定的指令集可以在不同的微架构中执行，实施中可能因不同的设计目的和技术提升情况而有所不同。微架构的设计可以影响核心达到的最高频率、核心在一定频率下能执行的运算量、一定工艺水平下核心的能耗水平等。此外，不同微架构执行各类程序的偏向也不同。例如，Intel 的许多处理器都遵循 X86 的 ISA，但是每一款处理器都有自己的微架构。ISA 好比是设计规范，微架构则是具体实现，同样的 ISA，采用不同的微架构，会带来不同的性能，而且 ISA 一般变化不大，而微架构基本两年就会有一次更新。随着智能设备市场的不断扩大，ARM 阵营也在不断壮大。占领智能设备领域后，ARM 阵营开始进入 PC、服务器与高性能计算领域。

以前，不同的指令集对微架构的影响比较大，如 ARM 适合低功耗场景，X86 适合 PC，Power 适合小型机，但是随着技术进步，指令集对微架构的影响已经小到可以忽略的程度，任何指令集都可以做出适合不同领域的优秀微架构。常见的 Haswell、Cortex-A15 等都是微架构的称号。i7-4770 的核心是 Haswell 微架构，这种微架构兼容 X86 指令集。对于兼容 ARM 指令集的芯片来说，这两个概念尤其容易混淆：ARM 公司将自己研发的指令集称为 ARM 指令集，同时它还研发具体的微架构（如 Cortex 系列）并对外授权。但是，一款 CPU 使用了 ARM 指令集不等于它就使用了 ARM 研发的微架构。Intel、高通、苹果、Nvidia 等厂商都自行开发了兼容 ARM 指令集的微架构，同时还有许多厂商使用 ARM 开发的微架构来制造 CPU。通常，业界认为只有具备独立的微架构研发能力的企业才算具备了 CPU 研发能力，而是否使用自行研发的指令集无关紧要。微架构的研发也是 IT 产业技术含量较高的领域之一。厂商研发 CPU 时并不需要获得指令集授权就可以取得指令集的相关资料与规范，指令集本身的技术含量并不是很高。获得授权主要是为了避免法律问题。微架构的设计细节是各家厂商绝对保密的，而且由于其技术复杂，即便获得相应文档也难以仿制。在 PC 时代，几大主要的 CPU 研发厂商研制微架构仅供自己用。到了智能设备时代，ARM 公司的微架构授权模式兴起。ARM 自己开发微架构后将它们上架出售，其他厂商可以将这些核心组装为芯片，再进行使用或销售。这种模式对第三方的技术能力要求很低，加上 ARM 的微架构在低功耗领域表现优异，因而这种模式获得了广泛成功。仅仅从 ARM 购买微架构来组装芯片的厂商是不能被称作 CPU 研发企业的，这些芯片也不能被称为这些厂商研发的 CPU。例如华为的海思 920、三星 Exynos 5430，只能说它们是“使用 ARM Cortex-A15 核心的芯片”。但是如果一款兼容 ARM 指令集的芯片使用了厂商自主研发的微架构，情况就不同了。如高通骁龙 800、苹果 A7 就是分别使用了高通、苹果自主研发的 CPU。不同厂商的微架构设计水平也有较大差异，如 Intel 与 AMD 对比，前者在最近几年明显技高一筹。微架构研发完成，或者说核心研发完成，接下来就是将其组装为芯片了。过去的芯片仅仅包括 CPU 部分，如今大量的芯片集成了 CPU、GPU、I/O 等多种不同的功能组件，此时这种芯片就不是传统意义上的“CPU”了。将各种功能组件组装为芯片的技术含量相比微架构研发来说是较低的，因而业界能做此类工作的企业的数量较多。

将 ISA 变成真正可以使用的实物需要经过“实现”，它包括两个层面：微架构和硬件。微架构是从计算机设计的高阶层面而言，如存储系统、存储互连接、CPU（包括算术、逻辑分支、数据传输的实现）设计，Intel Nehalem、Nvidia Kepler、ARM Cotrex-A57 都属于各自某系列芯片的微架构。现在的处理器微架构基本上涉及流水线化，多核、多线程，SIMD 向量和存储系统分层结构流水线。流水线化是指各工位不间断地执行各自的任务。流水线设计可以让指令完成的时间更短。多线程有 SMT、FGMT 和 CGMT 三种类型，多核处理器能让支持多线程的程序、操作系统运行得更快，但是目前大部分应用通常更偏好于单线程的性能出色的处理器。SIMD 是指单指令多数据，SIMD 的初衷是为了摊薄大量执行单元上的控制单元成本，同时减小程序的规模。SIMD 最好用来处理相同的数据，因此它是数据级并行的重要实现方式之一，而这类应用主要以多媒体为主，所以很多 ISA 都提供了专门的 SIMD 扩展来执行多媒体应用，如 ARM 有 NEON、Intel 有 MMX/SSE/AVX 等。目前芯片的主要微架构如下。

1. ARM Cortex-A 微架构

ARM 是业界领先的微处理器技术提供商，提供最广泛的微处理器内核，ARM 不仅有指令集，还有 Cortex-A 微架构，像三星、MTK、Nvidia、海思用的都是 ARM 的指令集和架构。此外，ARM 在 big. LITTLE 技术基础之上，推出了 DynamIQ 技术，以进行多核处理设计，其具有灵活、多样性的特点，覆盖从端到云的安全、通用平台。

2019 年，ARM 公布了 Cortex-A77 CPU 微处理器架构，Cortex-A77 微架构继承自 A76 架构，核心是 ARMv8.2 CPU。Cortex-A77 架构的芯片已经量产应用于三星猎户座的 Exynos980 智能手机。同一时间，ARM 还宣布了新的 Valhall GPU 架构与 Mali-G77 GPU 架构，Mali-G77 GPU 架构可以使智能手机在保持工艺一样的情况下，将 GPU 性能提升 1.4 倍。而 Valhall 架构可以提升 40%的性能、30%的效能、30%的性能密度及 60%的机器学习性能。

2. Intel Bonnell/Saltwell 内核微架构

Intel 当前正努力向移动智能终端市场延伸渗透。Intel 在过去几十年里一直主导高利润率的个人 PC 及企业市场处理器的生产制造，正是丰厚的毛利率使得 Intel 持续付出高昂的成本研发下一代处理器技术和生产线制程，从而保持领先竞争对手至少一个代际的技术优势。进入移动互联网时代，一片处理器仅售几美元，利润率微薄，Intel“高研发、高毛利相互驱动”的商业模式无法维持，布局移动芯片缺乏核心利益驱动，导致低功耗、低单价的 Atom 处理器在技术工艺上始终比最先进的 Core 处理器落后一两代。此外，移动 SoC 市场公司之间的合作模式也不适合 Intel，为了降低制造成本和功耗，移动 SoC 经常需要将多厂商 IP 块集成到一起，这对 Intel 架构授权模式提出了严峻的挑战。而 ARM 设计和生产是分离的，设计的 IP 块可以单独授权给各厂商自行定制整合，制造采用比较成熟的生产线，成本低、可选厂家多。种种原因使得 Intel X86 在移动芯片市场彻底失利。在经过三次制程技术和三个不同的设计后，Intel 终于有了一个可以在耗电上满足智能手机要求的低功耗产品，这个平台中基于 32nm SoC 制程的 Penwell 芯片集成了代号 Saltwell 的内核，在微架构上，Saltwell 和之前所有 Atom 处理器的内核微架构几乎是一样的，都属于 Bonnell 微架构，不过由于 Saltwell 采用了更精密的 32nm 制程，得以在微架构上做一些优化，因此在细节上是有一些不同的。到了 Saltwell（第三代 Bonnell）BTB（分支目标缓冲区，Branch Target Buffer）为 8096，具备微指令缓存（Uop Cache）。Bonnell 采用超标量流水线设计，每个周期最多执行两条指令，指令需要遵循一定配对原则才能实现超标量执行（类似于 Pentium 的 U/V 设计），具备 16 级工位，支持 X86_64 指令集及最高 SSE3 扩展，但是手机版本只支持 32 位 ISA，内存容量也被限制在 1GB，对应平板电脑和低端笔记本电脑等则提供了 64 位 ISA 支持，内存容量放宽到 2～4GB。

3. 高通 Krait 内核微架构

高通是一家美国的无线电通信技术研发公司，最擅长的是基带通信方面，它的优势在于在手机处理器中把 CPU、GPU 和基带等打包在一起，骁龙之前也用 ARM 的 Cortex 架构，自从骁龙 400、600、800、801、805 后就一直用 Krait 架构。高通现在的市场占有率是最高的，其通信专利较多，在 CPU 性能和稳定性方面应该做得较好，其自主设计的 Adreno 系列 GPU 处理器性能出色，集成度高，研发省时省力，缺点是价格较高。

4. 苹果 Swift&Cyclone 内核微架构

苹果公司在 20 世纪 90 年代就已经和 ARM 合作并且提供了一些微架构设

计上的修改方案，因此苹果对 ARM 一点都不陌生甚至有非常丰富的经验。从 iPad、iPhone 4/iTouch 4、Apple TV 2 开始，苹果真正介入 ARM 芯片设计，推出了名为 A4 的自行设计 ARM 处理器。A4 采用了 ARM 授权的 Cortex-A8 IP Core，但是苹果找来了 Intrinsity 公司（已经被苹果收购）和三星公司合作，进行了一些调优，可以让 A4 的频率比基于上一代制程的 Cortex-A8 更高。曾经有说法认为 A4 的 L2 缓存大小是 640KB，但是后来确认修正为 512KB（这是 ARM Cortex-A8 内核的可选配置方式之一）。A5 系列依然采用 ARM IP 内核，从 Cortex-A8 升级为 Cortex-A9 双核，不过整个 A5 系列出现了 3 个版本，即 APL0498、APL2498、APL5498（A5X），3 个版本的芯片面积不一样，其中 A5X 的 GPU 是 4 核 PowerVR 5 并且拥有 4 通道内存总线，定制化设计在这里体现得非常明显。真正的定制化设计是从 A6 开始的，苹果公司给 A6 搭配的 CPU 内核是完全由自己团队开发的 Swift，不仅这样，苹果还提出了一个新的名字：ARMv7s。传统上，ARMv7 属于 ISA 版本名称，不过 ARMv7s 至今都未出现在 ARM 官网的公开资料里，因此 ARMv7s 可能并非 ARM 的产物，而是苹果自己在 ARMv7 基础上做的一个架构优化定义，让编译器可以为 Swift 微架构匹配对应的调优，本质上 ISA 还是 ARMv7-A。和以往的 Cortex-A9 相比，在前端部分，Swift 微架构具备 3 个指令解码器，可以每个周期完成 3 条指令的解码，而在指令分发器上，具备 5 个发射端口，浮点单元、整数单元各占两个，还有一个专供 Load/Store 单元使用，具备乱序执行能力、整数流水线深度为 12 级，缓存子系统的时延比 Cortex-A9 低了差不多一半。

苹果自从 iPhone 5 的 A6 开始，就自己设计了 Swift 架构，采用 ARMv7-A 指令集，性能介于 Cortex-A9 和 Cortex-A15 之间。苹果 A7 处理器使用 64 位 ARMv8 架构的 Cyclone 微架构。图 3.2 为苹果处理器 Cyclone 微架构简图。A7 Cyclone 是一个很宽的架构，每个时钟周期最多可以同时解码、发射、执行、收回 6 个指令/微操作，A6 Swift 则最多不超过 3 个。A7 的重排序缓冲区尺寸达到了 192 个微指令，是上代的 4 倍多，巧合的是正好与 Intel Haswell 架构一样。分支预测错误惩罚也增加了，但幅度不大，而且又正好与 Intel Sandy Bridge 及其后的架构在同样范围内。A7 CPU 比目前其他任何移动处理器都要大，已经完全超越了高通 Krait、Intel Silvermont，足以媲美 Intel Core 酷睿架构。换句话说，苹果的架构已经在某些方面和 Intel 桌面产品架构处于同一级别了，因此，iPhone 5S 发布的时候苹果就宣称 A7 是“桌面级别架构”（Desktop-Class Architecture）。

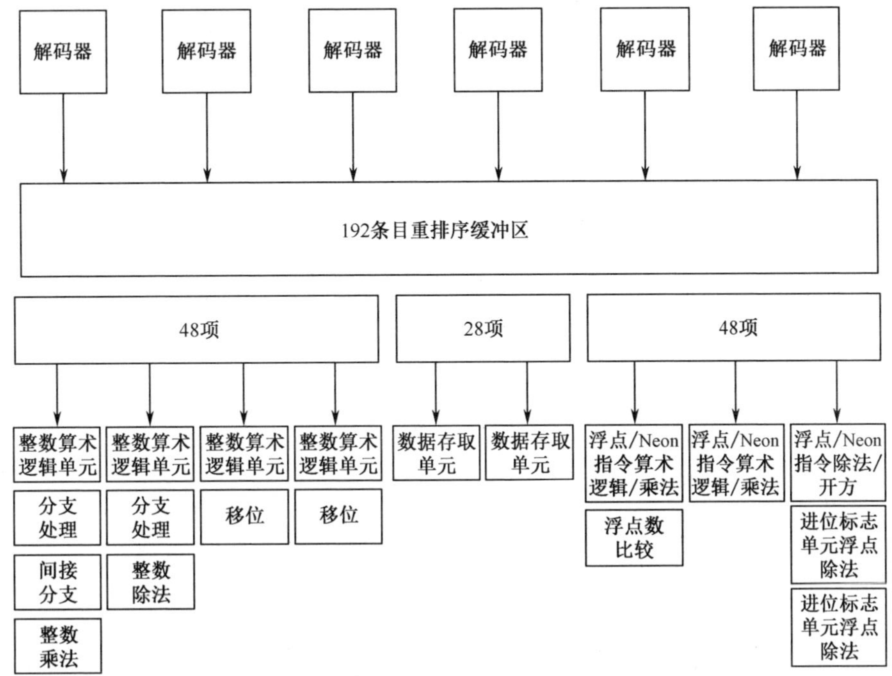

图 3.2　苹果处理器 Cyclone 微架构简图

资料来源：驱动之家网。

除高通和苹果有过自己的架构外，像三星、MTK、Nvidia 等都是使用 ARM 现成的方案。

3.1.4　EDA 工具

EDA（Electronics Design Automation）是芯片设计所必需的重要软件工具，该软件工具综合了大量不同学科的理论和知识，包括数学、物理、材料、图论、工艺等，是从机械 CAD（计算机辅助设计）的附属品逐步发展而形成的。EDA 涵盖了芯片设计、布线、验证和仿真等各环节，已经发展出十分丰富的工具，包括电路设计与仿真工具、IC 设计工具、PCB 设计工具、PLD 设计工具等。通过 EDA，计算机可以自动完成芯片的电路设计、性能仿真分析、IC 版图设计的全部过程。新工艺和新芯片应用方向给现有 EDA 行业和芯片设计流程带来了新的挑战，人工智能和云计算等技术及其应用已成为 EDA 软件的重要发展方向。

目前，全球的主要市场由 Synopsys（新思科技）、Cadence（楷登电子）和 Mentor（明导）三大软件巨头公司垄断。市场调研机构 Euromonitor 数据显示，2018 年 Synopsys、Cadence 和 Mentor 全球的市场份额分别为 32%、22%和 10%。而在国内，EDA 行业垄断优势更为凸显，前 3 家 EDA 公司（Synopsys、Cadence 及 Mentor）垄断了国内芯片设计 95%以上的市场。EDA 三大国际巨头之首是 Synopsys 公司，特别是其逻辑综合工具 DC（Design Compiler）与时序分析工具 PT（Prime Time）占据优势地位。其次是 Cadence 公司，其优势主要集中在模拟电路设计工具、PCB 电路设计工具和 FPGA 工具。最后为 Mentor 公司其点工具做得很不错。我国在 20 世纪 80 年代就已开始了 EDA 软件工具的研发，但目前在芯片设计第一环节上短板仍较为明显，主要有华大九天、广立微、芯禾科技等企业，但主要是以点工具为主，需要实现由“点”突破，向“线”与“面”发展，以逐步突破国际垄断。

3.2 芯片制造的制程、设备与材料

3.2.1 先进制程工艺

芯片工艺是芯片产品的基础因素，直接影响芯片的功耗、性能、频率、成本等各项指标。目前移动互联网设备领域主要芯片工艺以 CMOS 工艺为主。在技术工艺及制程方面，长期以来芯片生产工艺遵循摩尔定律和按等比例缩小原则，集成度和性能每 18 个月提高一倍，晶体管尺寸从微米级到纳米级不断缩小，使得硅 CMOS 技术受到一系列基本物理特性的限制，不仅投资加大，且难以保证性能和可靠性。为延续摩尔定律，芯片厂家通过提高集成度，实现集成包括数字信号处理、模拟/RF、无源元件、高压、高功率、传感器/执行器、光电子器件、生物芯片和微能源在内的复杂封装，并不断引入新的材料和器件结构的创新来改善性能，探索新原理、新材料和新结构，向着纳米、亚纳米及多功能化器件方向发展，如碳基纳米器件、量子、自旋电子和分子器件等。

虽然芯片的尺寸并不是衡量一款处理器好坏最重要的因素，但是更小的体积和更高效的节点可以带来一些额外的电池续航寿命，同时还能让芯片的造价更低。因此，很多芯片厂商在未来的几年里都会更加关注处理器的工艺及体积变化。从本质上来说，处理器的制造过程和工艺代表了处理器是如何创建的，

以及它的大小和使用了何种技术。通常的规则是晶体管尺寸越小、彼此之间的距离就越短，能源消耗也就越低。此外，较小的芯片体积可以降低生产成本。

移动互联网领域的竞争建立在核心芯片技术的发展上，更建立在底层半导体技术发展上，而技术的更新换代催生的是产品的不断优化升级。因此，在芯片制造环节，制程工艺是关键。由于 2018 年联电和格芯先后宣布放弃 7nm 及以下更先进制程的研发，使得目前晶圆制造厂中只剩下台积电、三星、Intel 和中芯国际仍在继续进行更先进制程的研发。表 3.2 为主要晶圆制造厂先进制程规划。

表 3.2　主要晶圆制造厂先进制程规划

IC 晶圆厂	年份														
	2011	2012	2013	2014	2015	2016	2017	2018	2019	2020F	2021F	2022F	2023F	2024F	2025F
台积电	28nm			20nm	16nm FF		10nm	7nm	5nm		3nm(T)			2nm	
三星		28nm		22nm	14nm FF		10nm	8nm、7nm		3nm(T)、6nm、4nm(M)					
Intel	22nm			14nm FF				10nm (T)		10nm＋	10nm＋＋、7nm	7nm＋	7nm ＋＋		
罗格方德			28nm	20nm	14nm FF	22nm FD-SOI	10nm								
UMC	28nm						14nm								
中芯国际					28nm				14nm FF（实现量产）		14nm FF（MP）				

资料来源：根据各厂商数据整理。

对于制程进展本身而言，7nm 制程工艺的芯片仍然是主流，台积电 2020 年能实现 5nm EUV 工艺芯片量产，并预计 2024 年将实现 2nm 工艺芯片量产；三星在 2019 年完成了基于极端紫外线技术（EUV）的 5nm FinFET 工艺技术的研发，并已经攻克了 3nm 和 1nm 工艺所使用的全能门（GAA）技术。中芯国际 2019 年上半年 14nm 工艺已实现量产，预计 2020 年会持续对其进行改进和优化。18in[1]晶圆厂、5nm 以下制程量产、环保生产会是接下来制程发展的主要方向。

随着工艺的提升，晶体管密度虽然还可以进一步增加，但是能够带来的性能提升或功耗的降低却越来越少。从 28nm 到 16nm，面积缩小了 40%，速度提高了 30%～40%，但功耗并没降低多少。而在 28nm 之前，每一代制程工艺的升级会使功耗和面积降低 50%以上，并能提升速度一倍多。随着工艺制程从 10nm 向 7nm、5nm、3nm、1nm 的进一步演进，成本也将剧增。图 3.3 所示为先进芯片制程开发成本。从图 3.3 中可以看出，28nm 节点的芯片开发成本为 5130 万美元；16nm 节点的芯片开发则需要 1.06 亿美元；7nm 节点的芯片开发需要 2.97 亿美元；5nm 节点开发芯片的费用将达到 5.42 亿美元，而 3nm 芯片的开发费用有可能超过 10 亿美元。

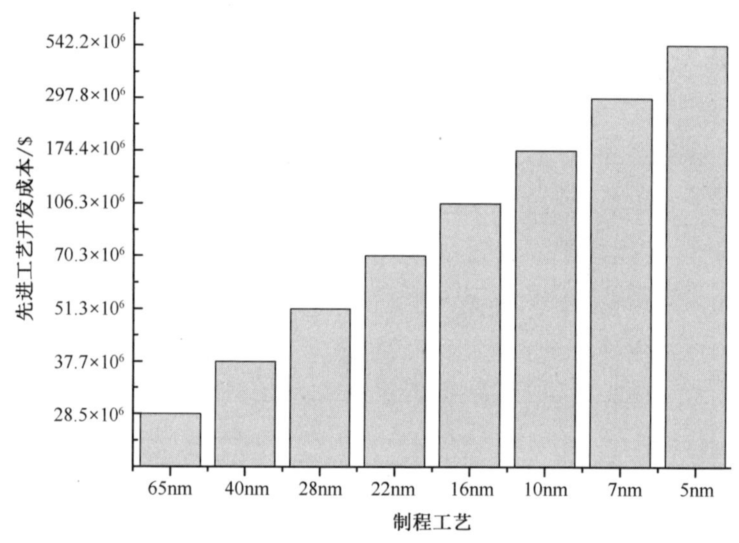

图 3.3 先进芯片制程开发成本

半导体的生产效率和成本与硅片尺寸直接相关。在半导体材料选择上，半导体芯片制造厂商会综合考虑生产效率、工艺难度及生产成本等多项因素，使用不同尺寸的硅片来匹配各种规格的半导体产品，以达到效益最大化。例如功率半导体生产主要采用 6in 硅片、8in 硅片，微控制器生产主要采用 8in 硅片，逻辑芯片和存储芯片生产则主要采用 12in 硅片。一般来说，硅片尺寸越大，用

1. 1in＝25.4mm。

于半导体生产的效率越高，单位耗用原材料越少。随着半导体生产技术的不断提高，硅片整体向大尺寸趋势发展，硅片尺寸从早期的 2in、4in，发展为现在的 6in、8in 和 12in。其中，8in 和 12in 硅片已成为半导体硅片的主流产品，根据 SEMI 统计数据，自 2014 年起一直占据半导体硅片 90%以上的市场份额。未来还将朝着 18in 发展。

3.2.2　设备和相关材料

材料和设备是半导体产业的两大基石，也是推动芯片技术不断创新的引擎。通常，一代技术需要依赖一代工艺，而一代工艺需要依赖一代材料与设备进行实现。

在半导体材料方面，材料环节处于芯片产业链的上游，对芯片产业的发展起到重要支撑作用，该产业的特点主要有规模大、技术门槛高、细分行业多、更新快等。晶圆制造材料和封装材料是半导体材料的主要组成部分。晶圆制造材料主要有硅片、光掩模、光刻胶、光刻胶辅助材料、工艺化学品、靶材、CMP 抛光材料（抛光液和抛光垫）及其他材料，封装材料包括引线框架、封装基板、陶瓷基板、键合丝、包封材料、芯片黏结材料及其他封装材料，每种大类材料又包括几十种甚至上百种具体产品，细分子行业多达上百个。

由于芯片产品制造工序多，在加工过程中需要采用大量半导体设备和材料。其中晶圆加工设备占全部设备的比重约为 80%，是芯片产品制造的主要设备。晶圆加工生产线主要有 7 个独立的生产区域，包括扩散、光刻、刻蚀、离子注入、薄膜生长、抛光（CMP）和金属化。表 3.3 所示为芯片晶圆生产线的主要生产区域及所需设备和材料。

表 3.3　芯片晶圆生产线的主要生产区域及所需设备和材料

生产区域	工艺	设备	所需材料
扩散	氧化	氧化炉	硅片、特种气体
	RTP	RTP 设备	特种气体
	激光退火	激光退火设备	特种气体
光刻	涂胶	涂胶/显影设备	光刻机
	测量	CD SEM 等	—
	光刻	光刻机	掩模板、特种气体
	显影	涂胶/显影设备	显影液

续表

生产区域	工艺	设备	所需材料
刻蚀	干刻	等离子体刻蚀机	特种气体
	湿刻	湿法刻蚀设备	刻蚀液
	去胶	等离子去胶机	特种气体
	清洗	清洗设备	清洗液
离子注入	离子注入	离子注入机	特种气体
	去胶	等离子去胶机	特种气体
	清洗	清洗设备	清洗液
薄膜生长	CVD	CVD 设备	特种气体
	PVD	PVD 设备	靶材
	RTP	RTP 设备	特种气体
	ALD	ALD 设备	特种气体
	清洗	清洗设备	清洗液、特种气体
抛光	CMP	CMP 设备	抛光液、抛光垫
	刷片	刷片机	—
	清洗	清洗设备	清洗液、特种气体
	测量	测量设备	—
金属化	PVD	PVD 设备	靶材
	CVD	CVD 设备	特种气体
	电镀	电镀设备	电镀液
	清洗	清洗设备	清洗液

3.3 芯片封装与测试

封装与测试是芯片生产的最后一道环节，在 20 世纪 80 年代以前，以针脚插装型封装为主，焊接时元件针脚插入焊盘孔中，然后在焊锡面进行焊接。这类封装包括金属圆形封装、陶瓷双列直插封装、陶瓷-玻璃双列直插封装和塑料双列直插封装等。针脚插装的不足之处是封装密度难以提高，输入/输出端口数量太少，难以满足高效自动化生产的要求。塑料双列直插封装，由于其性能优良、成本低廉又能批量生产而成了主流产品。20 世纪 80 年代到 90 年代之间，以表面安装的四边引线封装为主。与传统的针脚插装不同，表面安装是通过细小的扁平引脚将集成电路贴装到 PCB 上，元件封装的焊盘只限于表面板层。当时，表面安装技术被称作电子封装领域的一场革命，得到飞速发展。与之相适应，一批封装形式（如塑料有引线芯片载体、塑料四边引线扁平封装、塑料小外形封装及无引线四边扁平封装）应运而生。表面安装优点显著：封装密度高，引线节距小，质量轻，体积小，成本低，电气特性和生产效率都有了大大的提升，极大地推动了自动化生产的可能。但是其在输入输出端口数量及性能等方面的缺点还是难以满足先进集成电路的需要。20 世纪 90 年代后，封装技术随着封装尺寸的进一步缩小而进入了爆炸式发展的时期，要求集成电路封装向更高密度和更高速度的方向发展，因此集成电路封装从四边引线向平面阵列发展，在封装密度和输入/输出端口的数量上有了很大提高。这期间较为成熟的封装技术有球栅列阵封装（BGA）、倒装芯片等。后来又开发出各种封装体积更小的芯片尺寸封装。同一时期，多芯片组件蓬勃发展起来，多芯片组件的基板因材料不同分为多层陶瓷基板、薄膜多层基板、塑料多层印制板和厚薄膜基板。与此同时，为满足对功能和小尺寸的需要，晶圆级芯片尺寸封装、三维封装和系统封装也迅速发展起来。

近年来，封装与测试技术的创新已成为三星公司、台积电公司和英特尔公司等晶圆代工企业的发展重心，特别是 3D 封装技术已成为巨头相互竞争的重要战场。这是由于随着后摩尔定律时代的到来，只有打破流程后端“封装”技术的瓶颈，才可以将摩尔定律的寿命延续下去。

3.3.1　SiP 技术

片上系统技术面临的最大挑战是如何降低测试成本。设计验证可以确保所设计的片上系统满足系统规范中定义的要求，是片上系统设计中不可或缺的重要组成部分，也是保证片上系统设计正确性的关键。在片上系统芯片设计过程中，仿真验证环节的耗时占芯片整体开发周期的 50%～80%。主要测试方法为并行直接接入、串行扫描链接接入和设置专门的针对片上系统芯核的测试结构。

芯片封装对芯片的成本、性能、功耗、良率等都有直接的影响。从集成度出发，当芯片工艺不同，而又需要集成时，多芯片封装（System in Package，SiP）成为重要的选择。SiP 组成示意图如图 3.4 所示。SiP 融合了传统封装测试和系统组装，以用户需求为导向，可以根据用户对产品最终性能的不同需求进行灵活设计和封装，而不是标准产品；其次，SiP 需要设计师清楚地了解产品、性能和相关材料的热、电和结构应力等性质，以节约产品设计和生产时间，成本和性能需要相互平衡，除此之外，生态、供应链/价值链等的支持也很重要。传统的 SiP 以 2D 的平铺和堆叠为主，而 2.5D/3D 封装采用的 Si-Interposer（硅中介层）CoWoS（Chip on Wafer on Substrate）和硅通孔技术（Through Silicon Via，TSV）等工艺也成为当前最前沿的研究重点。封装工艺以 BGA 封装较多，QFN、WLCSP 等多种封装形式都有涉及。其中 BGA 封装又分为 Wire-Bond BGA（WB-BGA）和 Flip-Chip BGA（FC-BGA）两大类，前者成本低，主要用于低端移动互联网设备芯片，后者性能占优，主要应用于高端产品。QFN 适用于引脚数少于 100 的射频类芯片，成本低，而 WLCSP 主要适用于对散热及尺寸要求较高的无线连接芯片及电源管理芯片。国际上领先的厂商如 Qualcomm 等也已经在研究 3D 封装技术。封装尺寸不断减小是大势所趋，但因引脚间距限制，正在朝 3D 封装方向前进；间距（0.5mm→0.4mm→0.3mm）；中低端产品将主要以 Flipchip、WLP 为主；3D TSV 和硅中介层（Silicon Interposer）高端产品率先采用，逐渐向下普及，工艺复杂性导致良品率和测试难度提升是影响 TSV 普及的重要因素。表 3.4 为移动互联网设备芯片主要封装工艺对比。

表 3.4 移动互联网设备芯片主要封装工艺对比

工艺	特点	成熟度	基板	优劣势	成本	应用
eWLB/FOWLP	以整片晶圆加工，成本可摊薄	STATS Chip PAC 领先无基板	不需要封装基板/Fan-in	与 WLP 的缺点一样，即裸片分割较困难；优点是可多 DIE，可 PoP（叠层封装）	****	MDM
FC-BGA	引脚数多，跨距无限制	国内起步阶段，量产在我国台湾地区及韩国等	高密度基板	封装尺寸略大于 DIE，引脚数和跨距无限制，但需做植球	****	SP-SoC AP
WB-BGA	工艺成熟，性能劣于 FC-BGA	工艺成熟，国内量产封装厂多	普通基板	传统后端布局，引脚分布在四周	***	FP

随着智能机的普及，AP+BB 成为趋势，集成度和性能不断提升，封装工艺也在不断发生转变，从之前的 WB-BGA 为主向 FC-BGA 和 FC-PoP 转换。随着频率的不断提高，Flipchip 可避免引线键合的 LCR 寄生效应；结合 SiP，可实现更小的封装/管芯面积比，缩减 PCB 面积。Flipchip 工艺实现上，目前主要有三种技术方案，分别为 Solder Bump、Cu Pillar 和 Au Bump，三种方案各有优劣（见表 3.5）。

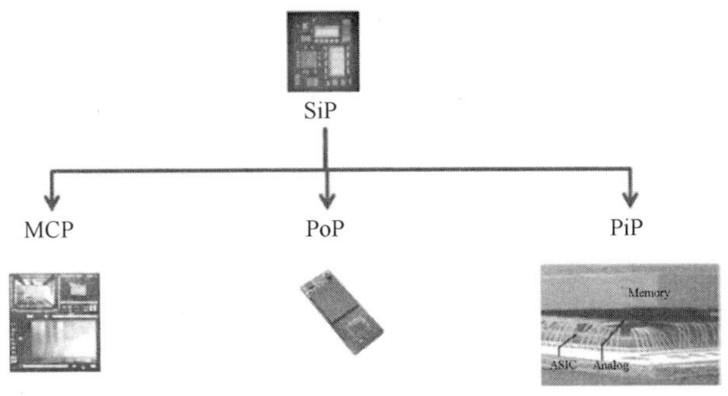

图 3.4　SiP 组成示意图

表 3.5　Flipchip 工艺细分对比

工艺细分	特点	基板	适用产品	总体
Solder Bump	跨距大、密度低、需 RDL	需要基板，密度较低	引脚数适中	—
Cu Pillar	工艺难度较大，需金属沉积，Fine pitch<80μm，基板密度高，超低阻抗，RLC 寄生小	高密度基板	大引脚数	中高阶 AP 主要采用展讯 4 核 A7
Au Bump	不需要金属沉积，类似 WB 工艺，不需要 RDL，可在四周引脚产品上采用 Fine pitch，基板密度高	高密度基板	大引脚数	TI OMAP 采用该工艺

综合来看，目前移动互联网设备 SoC 芯片比较适合采用 Cu Pillar 工艺。随着半导体工艺的演进，金属互连线宽度越来越窄，电阻值上升，芯片 IR 压降（直流压降）越来越严重。IR 压降是指芯片中电源和地网络上出现的电压升高或下降现象。对于新一代移动互联网设备芯片的设计，IR 压降是必须考虑的问题。试验表明，逻辑门单元上 5%的 IR 压降将使门速度降低 15%。在极端情况下逻辑门将失效，芯片失去功能，或间歇性失效。如果没做详细 IR 压降分析，预留余量，功耗将上升。芯片设计时可通过增加去耦电容的方式降低 IR 压降，但会导致面积增大。通过 Flipchip 封装替代 Wire-Bond 方式是最有效的，但成本也会上升。Wire-Bond 工艺下，晶片焊垫分布在晶片的四周，到标准单元走线较长；封装上晶片焊垫到焊球走线也较长，需要键合。Flipchip 工艺下标准单元到 Pad 走线距离很短，晶片焊垫到焊球距离也很短，不用打线。FC 封装工艺可有效增大留给芯片本身的 IR 压降余量。在多核 CPU 下，电流达到几安培，IR 压降影响更加明显。故从 IR 压降的角度分析，移动互联网设备芯片需选择 Flipchip 封装工艺。

3.3.2 多芯片 fcCSP 封装

封装领域正面临前所未有的高速创新时代，驱动力量更多地来自三星、Intel、高通等巨头，传统封装厂商的牵引力下降。未来，移动互联网设备芯片仍将出现许多新的发展趋势，处理性能越来越高、芯片尺寸越来越小型化、薄型化等。与之相适应，芯片制造封装环节也必须采用大量新的技术加以实现。一直以来，由于国际品牌大厂在移动互联网设备市场上占有主导优势，制造与封装技术本身也需要有一个进步积累的过程，国内移动互联网芯片企业在移动互联网设备芯片的产业链上存在缺失与空白，特别是 AP 和 Baseband，多委托台积电等企业代工，封装也多在海外进行。随着先进 IC 制造工艺被大量采用，移动互联网芯片对凸块加工的需求急剧增长，中道制程领域受到重视。移动互联网用户对芯片性价比要求较高，推动芯片技术更加高性能与多样化，涉及组成移动互联网设备的所有芯片，如 MCU、RFIC、GPS、PMIC、MEMS、CIS 等。在这种情况下，封装工艺也将向高密度、高性能、薄型化发展，多芯片 fcCSP 封装也将成为 AP/BB 芯片的主流。中端移动互联网设备市场的发展及我国手机制造商占据领导地位给移动互联网芯片产业带来了新的机会。

封装工艺发展趋势如图 3.5 所示。

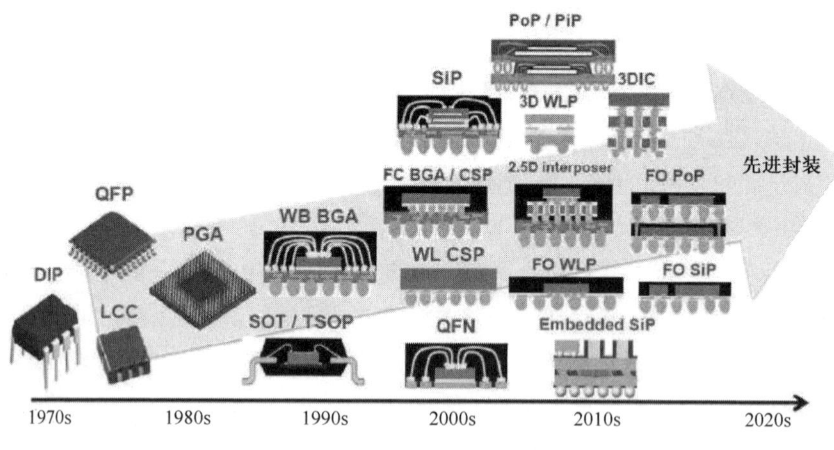

图 3.5　封装工艺发展趋势

3.3.3　3D 封装

一直以来，半导体产业的发展都遵循着摩尔定律而进行，依靠按比例缩小 CMOS 器件的工艺特征尺寸来提升集成电路的密度和性能，从而促进整个电子信息产业的发展。1959 年，对平面集成电路技术进行了第一次尝试，意味着可以通过追求更高密度及小型化，制造不同的元件，使单个芯片的性能更高。1965 年，Gordon E. Moore 预测，集成电路的密度将会每年增加一倍，到了 1975 年，其密度增长周期更改为 18 个月。由于每个芯片上元件数目的增加，需要在每个元件间互连更多导线。因此芯片性能与互连导线间的密度有着密切关系。除此之外，由于每个元件都需要互连线，使得互连线的数目逐渐增加，因此，进行大量并行运算也越来越困难。为了解决这些问题，系统封装必须在单个芯片内集成不同的功能元件，因此，封装技术的发展主流逐渐变为具有高互连密度和短互连长度[1]。系统封装在这些年也开始使用 3D 封装技术，即将多个不同功能的芯片叠放在封装体内的垂直方向上。与传统封装不同的是，3D 封装可以通过叠层将芯片、元件等互连到一起，这样就形成了立体封装，并且这样的封装具有更高的密度。3D 封装作为一种新的封装形式，推进封装产品朝着高密度化、高可靠性、低功耗、高速化及小型化方向发展。除此之外，3D 封装可以快速进入市场，因为它的工艺与 2D 封装工艺很相似，只需要进一步改进就可以了。

对于芯片本身而言，其效果和工作效率受结构、工艺、材料、温度等影响，温度控制相对简单，材料的选取也相对固定，那么较为灵活多变且差异较大的就是组装结构和工艺。因此，应通过对封装类型和工艺的研究，分析出最适合使用的封装方法，为建模分析和实物分析的材料选取和工艺类型提供选择依据。3D 封装技术主要包括：3D 系统级封装（3D System in Package，3D-SiP）、3D 晶圆级封装（3D Wafer Level Package，3D-WLP）、3D 叠层芯片（3D Stacked IC，3D-SIC）、3D 硅通孔（3D Through Silicon Via，3D-TSV）等技术。在这些三维封装技术中，硅通孔技术被认为是 3D 封装技术的核心，目前已经成为微电子领域研究的热点，将会成为下一代封装技术的主流。3D-TSV 技术是通过在芯片和芯片之间、晶圆和晶圆之间制作垂直金属化导通孔，实现芯片之间互连的最新技术[5]，采用 3D-TSV 互连技术可以大幅缩小芯片尺寸，提高芯片的晶体管密度，改善层间电气互连性能，提高芯片运行速度，减小芯片功耗，该技术被业内人士称为继引线键合（Wire Bonding）、载带自动键合（Tape Automated Bonding，TAB）和倒装芯片（FC）之后的第四代封装技术。目前主要 3D 封装技术介绍如下。

1. 叠层型 3D 封装技术

引线键合技术主要应用于叠层型的 3D 封装，它是半导体器件最早使用的互连方法。它将各层芯片通过长引线互连到基板上，从而完成整个系统电路互连，当芯片的尺寸相近时，需要通过在各芯片之间加一个比较厚的中间层来给引线连接留出更大的空间[6]。

2. 倒装芯片技术

在 3D 互连中，倒装芯片技术通常是与引线键合技术结合起来使用的，因此，它们不是简单的替换关系。凸点互连在外观、柔性、尺寸、可靠性及成本等方面都有很大的优势。

3. 硅通孔技术

近年来，硅通孔（TSV）技术被用来制作 3D 垂直堆叠设备，在特定的组件（如存储器、传感器和执行机构）中，是制作在单独的晶圆上的，然后通过晶片到晶片或芯片到晶片互连。由于这些设备是垂直互连的，有效的电气互连路径变短，从而减少了信号之间的延迟，并获得了更宽的信号带[7]。TSV 是芯片之间互连的一种方法，主要通过硅通孔实现互连。由于其互连距离短，因此可以实现新的封装，它不仅性能好、密度高、尺寸和质量还很小。这种互连技术使得电子产品逐渐达到人们所追求的“小”“轻”“薄”，并且可以实现不同芯片之间的互连。3D-TSV 技术中的通孔集成方式根据通孔制作时间的不同可以分为以下 4 种：先通孔工艺、中通孔工艺、后通孔工艺、键合后通孔。目前，3D-TSV 系统封装技术主要应用于图像传感器、转接板、存储器、逻辑处理器+存储器、移动电话 RF 模组、MEMS 晶圆级 3D 封装等。

4. 键合后通孔

虽然 3D 封装技术发展十分迅速，但还存在不少挑战。作为新兴科技，3D 封装由于对实验器材和实验复杂程度要求严苛及实验所需大量的财力成本，目前尚未大面积推广应用[2]。因为想推出新产品需要从很多方面进行考证，如结构、材料等方面，再加上材料的不单一（多种元素组成）、应力分析难度大、材料与材料间影响的不确定性，提升了实验难度。以硅通孔技术为例，芯片上分布着各种孔位，根据温度的影响，每个孔受力也不一样，会出现同种材料、同种温度但在不同位置（边界、中心等），发生不同程度的热失效现象。此外，随着 3D 封装技术的演化，以及应用中通孔尺寸和节距的缩小，叠层中每层的厚度很有可能会减小。将硅片厚度减到 5μm 以下，电路性能也不会下降，因此可制造性而非电学性能很有可能成为未来的限制因素。

3.3.4　扇出式封装

通常意义上的先进封装（Advanced Packaging）包括 WLP、2.5D、3D 及部分 SiP 封装。图 3.6 所示为各类芯片封装方式在移动互联网芯片中的应用占比情况。

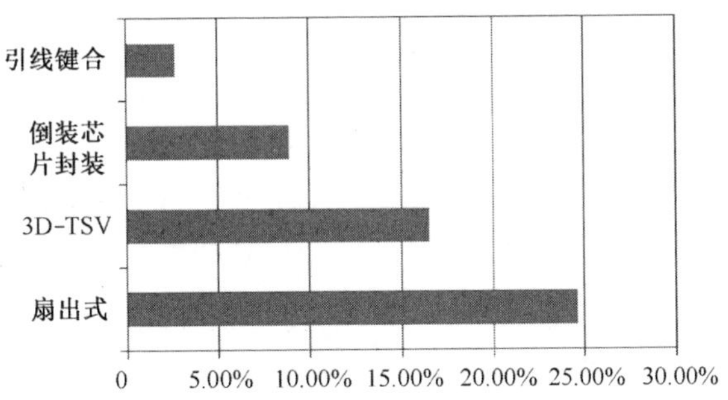

图 3.6　芯片封装在移动互联网芯片中的应用及发展

英飞凌于 2001 年 10 月 31 日申请了美国第一个扇出式晶圆封装（FOWLP）专利。英飞凌及其行业合作伙伴 Nagase、Nitto Denko、Yamada 也分别在 ECTC2006 和 EPTC2006 上发表了第一篇技术论文。当时，他们称为嵌入式晶圆水平球（eWLB）网格阵列的技术消除了引线键合或晶圆碰撞和引线框或封装衬底，并有可能带来更低的成本、更好的性能和更小的外形封装。另外，这种技术需要一个临时（重组）载体，用于已知的合格芯片（KGD）、环氧模塑复合材料（EMC）、压缩成型和重分布层（RDLs）的制造。

2016年苹果公司在iPhone 7上使用扇出式封装技术后，这项技术达到了一个里程碑。传统上，苹果和其他智能手机OEM厂商通常在应用处理器使用层迭封装PoP技术。PoP可靠且便宜，但其厚度达0.5～0.4mm，限制了应用。台积电为苹果制造了供iPhone 7使用的A10应用处理器。基于16nm finFET制程，苹果的A10被安置在台积电的InFO集成扇出式封装中。Tech Insights表示，A10封装厚度范围为0.33～0.23mm，使用了三层线宽-线距分别为5-5μm、10-10μm和10-10μm的RDL，是最早的真正意义上可批量生产的圆片级封装的芯片封装技术。

随着集成电路的不断发展及半导体工艺的改进，芯片上器件密度越来越大，使得器件的特征尺寸（晶体管栅极宽度）逐渐从1μm向10nm以下发展。而在芯片的应用制造端，PCB（电路板，基板）制造工艺受限于设备能力、材料等，其特征尺寸保持在10μm以上。芯片与PCB的互连，如果选择电性能好的硅转接板就存在成本高的问题，选择成本低的有机基板则存在电性能一般、不适合高频高速信号互连的缺点。因此，对于1～10μm范围内先进封装技术的研究，恰好能够填补芯片和PCB互连中由尺寸限制带来的技术空白，在保持相对较低成本的基础上，使芯片发挥优秀的性能。

现今随着5G、人工智能（AI）、高效运算（HPC）等半导体新应用领域的百花齐放，晶圆制造在台积电的引领之下走向7nm、5nm、3nm工艺级别，但摩尔定律逐渐逼近物理极限，让摩尔定律延寿的良方之一为先进封装技术，包括扇出式晶圆封装（Fan Out Wafer Level Package，FOWLP）、2.5D/3D封装、3D晶圆堆叠封装。加上5G通信时代将有更多异质集成不同元件的需求，将持续带动系统级封装（SiP）需求增加，也进一步使得前端晶圆测试（CP）及后端系统级测试（SLT）的重要性随之提升，这也将成为IC封装测试产业的主要发展方向。

面板级封装成本低与多种因素有关。第一，它是以批量生产工艺进行制造的；第二，板级封装生产设施的费用低，因为它充分利用了圆片的制造设备，无须投资另建封装生产线；第三，面板级封装的芯片设计和封装设计可以统一考虑、同时进行，这将提高设计效率，减少设计费用；第四，圆片级封装从芯片制造、封装到产品发往用户的整个过程中，中间环节大大减少，周期缩短很多，这必将导致成本的降低。此外，应注意面板级封装的成本与每个圆片上的芯片数量密切相关。板上的芯片数越多，圆片级封装的成本就越低。

FOPLP（面板级扇出式封装，Fan Out Panel Level Package）仍面临不小的挑战，以目前 FOPLP 刚起步的状况来看，经济规模将是技术普及的最大挑战，在初期良率还不够高的状态下，短期内不易达成理想的成本优势。FOPLP 精细度不容易提升，因此三星先切入相对低阶的穿戴式装置 AP，目前尚无法取得高阶智能手机等级的客户订单，面对未来高效运算时代，包括 AP、AI 芯片、GPU、ASIC 或 FPGA 等高阶芯片，难以使用现行的 FOPLP 设备量产，况且 FOPLP 同样有翘曲（Warpage）等问题。面板级封装是尺寸最小的低成本封装，并且 FOPLP 可降低封装厚度、增加导线密度、提升产品电性能，面板大工作平台可提高生产效率，晶体管微型将具备开发时间短与成本低等优势。面板级扇出式封装技术可提供更好的系统级封装（SiP）解决方案，为 IC 芯片提供电气连接、散热通路、机械支撑和环境保护功能，并能满足表面安装的要求。

圆片级封装起源于倒装芯片。圆片级封装的开发进程由集成器件制造商（IDM）率先启动。1964 年，美国 IBM 公司在其 M360 计算机中最先采用了 FCOB 焊料凸点倒装芯片器件。1969 年，美国 Delco 公司在汽车中使用了焊料凸点器件。20 世纪 70 年代，NEC、日立等日本公司开始在一些计算机中采用 FCOB 器件。到了 20 世纪 90 年代，世界上成立了诸如 Kulicke and Soffa's Flip Chip Division、Unitive、Fujitsu Tohoku Electronics、IC Interconnect 等众多圆片凸点商业制造公司，它们拥有的基础技术是电镀工艺与焊膏工艺。这些公司利用凸点技术和薄膜再分布技术开发了圆片级封装技术。FCD 公司和富士通公司的超级 CSP（Ultra CSP 与 Supper CSP）是首批进入市场的圆片级封装产品。

1999 年，圆片凸点商业制造公司开始给主要的封装配套厂商发放技术许可证。这样，倒装芯片和圆片级封装也就逐渐在世界各地推广开来。例如，我国台湾地区的 ASE 公司和 Siliconware 公司及韩国的 Amkor 公司就是按照 FCD 公司的技术授权来制造超级 CSP 的。

如今的扇出式封装一般将芯片封装在 200mm 或 300mm 的圆形晶圆内。研发已有些时日。面板级扇出封装将芯片封装在一片大的方形面板上，这是为了将更多的芯片置于面板上，以达到降低扇出式封装成本的目的。

但晶圆级封装（Fan-Out WLP）面临诸多挑战，如焊接点的热机械行为、芯片位置的精确度、晶圆的翘曲行为、胶体的剥落现象等。其中人工重新建构晶圆的翘曲（Warpage）行为是一项重大挑战，因为重新建构的晶圆含有塑胶、硅及金属材料，其硅与胶体之比例在 X、Y、Z 三个方向不同，铸模在加热及冷却时热胀冷缩，会影响晶圆的翘曲行为，晶圆的翘曲经常会影响后续操作步骤中对晶圆的加工，使芯片无法正常工作。国内外正在对解决翘曲行为进行研究，力图减弱翘曲行为造成的影响。

无论是何种芯片封装形式，无论是哪种封装工艺，都难以避免翘曲带来的损失。从 2001 年 10 月由英飞凌公司的 Harry Hedler 申请的最早的扇出式封装技术——嵌入式晶圆球栅阵列封装（embedded Wafer Level BGA，eWLB）到现今 8in 晶圆扇出式封装技术，再到目前的 12in 晶圆封装技术，以及本书所述的面板级扇出式封装（Fan Out Panel Level Package，FOPLP），由于可以在更大尺寸的载板上封装更多数量的芯片，封装成本在不断降低，翘曲带来的损失也越来越大。无疑，晶圆的翘曲成为人们研究新型封装的重中之重。

本章参考文献

[1] 童志义. 3D IC 集成与硅通孔（TSV）互连[J]. 电子工业专用设备，2009，170（3）：27-34.

[2] 赵璋，童志义. 3D-TSV 技术——延续摩尔定律的有效通途[J]. 电子工业专用设备，2011，194：27-34.

[3] Beyne E. 3D System Integration Technologies, VLSI. Technology, Systems, and Applications, 2006: 1-9.

[4] Kikuchi H, Yamada Y, Ali A M, et al. Tungsten through-silicon via technology for three-dimensional LSIs[J]. Japanese Journal of Applied Physics, 2008, 47(4S): 2801.

[5] Andricacos P C, Uzoh C, Dukovic J O, et al. Damascene copper electroplating for chip interconnections[J]. IBM Journal of Research and Development, 1998, 42(5): 567-574.

[6] Carr G, Ging A. Jet Propulsion Laboratory, California Institute of Technology, Pasadena[J]. Marian Werner, Deutsches Zentrum fur Luft und Raumfahrt, Oberpfaffenhofen, Germany. Michael Oskin, University of North Carolina. Chapel Hill, NC. Douglas Burbank, University of California, Santa Barbara, CA. Douglas Alsdorf, Ohio State University, Columbus, OH, 2007.

[7] 陈海英. 芯片级三维集成——前景光明[J]. 混合微电子技术，2010，21（2）：111-115.

第4章 MEMS 微波功率传感器芯片设计与模拟研究

4.1 微波功率传感器及其应用

在微波功率信号的产生、传输及接收等每个环节的研究中，微波功率的测量都是不可缺少的。微波功率计在高频中的重要程度等同于低频信号领域中所用的电压表和电流表。一个高灵敏度、高精度、低漂移及宽频带的微波功率计是微波功率研究和开发中不可或缺的测量工具。所以，终端式微波功率传感器作为微波功率计探头中的核心元件就变得尤为重要。随着经济的发展和科技的进步，微波功率计被广泛应用于测量微波接收机和发射机的输入/输出功率、信号源的输出电平，以及接收机的本地振荡器电平、天线系统辐射的功率、振荡源的输出功率、通信系统中功率放大器的发射功率等，微波功率计在科研、国防、通信等领域都有着广泛的作用。

目前，市场上普遍使用的功率传感器来自美国的吉时利、安捷伦及福禄克等公司。它们开发的各种各样的功率传感器被广泛应用于不同的领域。例如，吉时利的 3500 功率计具有宽频量程，广泛应用于智能手机、WLAN 器件、RFID 阅读器、W Max 器件和无线传感器的测试中；安捷伦推出的 Agilent N8480 系列热偶型功率传感器，是被普遍应用的 Agilent 848x 系列功率传感器的新型版本，这款传感器除拥有更高的准确度之外，还可以将储存在传感器 EEPROM 中的校验系数，自动加载到功率计的内存里，该传感器可应用于通信、电子制造、航空航天和汽车电子等领域。除了美国，还有日本的 ANRITSU 公司，推出了 USB 功率传感器 MA24108A 和 MA24118A，其动态范围为 60dB，MA24108A 能准确地测量 10MHz～8GHz 的功率，MA24118A 能准确地测量 10MHz～18GHz 的功率。该传感器拥有三种工作模式：连续平均模式、示波器模式和时隙模式。三种模式分别应用于不同需求的测量。示波器模式可以用于测量视频带宽高达 50kHz 的非周期波形，时隙模式能够用于测量 TDMA 波形，允许分析各种通信信号的整个帧。

4.2　国内外发展现状

大部分西方发达国家在 20 世纪 70 年代初就开始大力发展计算机和通信技术，但当时忽略了传感器技术的发展，这使得科技水平得不到全面的进步，造成了“大脑”发达、“五官”迟钝的局面，所以，那时的传感器产业相对惨淡。

到了 20 世纪 80 年代初，英、法、美、日、德等国家意识到了问题的严重性，随后相继提出和确立了针对加速发展传感器技术的方针，并将其列入了国家重点计划及长期发展规划之中。1979 年，传感器技术在日本的《今后十年值得注意的技术》中列于首位。1985 年，传感器技术被列为美国国防部 20 项军事关键技术中的第 14 项。该技术在苏联《军事航天》计划、《星球大战》计划及欧洲《尤里卡》计划和德、法、英等多个国家的高科技领域的发展规划中都有着重要的地位。多国将传感器技术视为可以使国家安全、经济发展及科技进步的关键技术，将其科研成果、制造工艺和装备列为国家核心技术。不仅如此，还对传感器技术采取严格的保密规定，封锁和控制技术，并禁止其出口到其他国家。

传感器技术在美国发展最为迅速。美国认为，新材料和微电子技术是支撑和基础，敏感技术和光电子技术是关键和重点，而核心则是计算机技术。美国信息技术的发展方向是多元化的，通信技术和计算机技术的结合，以及各种新技术的融合都代表着该国信息技术的发展方向。美国每年用于传感器应用研究和基础技术的财政预算约有 69 亿美元，称其为“Sensor Revolution”（传感器革命）。福布斯认为，传感器在当今甚至今后几十年内，都会在改变人们生活方式及世界经济格局的十大科技产品中占据重要的地位。美国的国家科学发展基金会认为，传感器可以使这个被网络连接起来且具有电子神经系统的物质世界拥有感知信息的生命。

在 1990 年以后，外国有许多学者（如 Xavier、S. kadao 等人）研究了基于 GaAs 和硅的微波功率传感器芯片[1]，但这些传感器芯片与 MMIC 工艺不兼容。到 2002 年，Alfons Deh C.等人使用标准 GaAs 铸造工艺，研究了频率在 1～2GHz 之间，完全兼容并使用 MMIC 工艺制造的通过共面波导测量发射功率的插入传感器和用于测量 50Ω 负载中消耗的功率的终端传感器[2]。传感器在美国硅谷的发展已经持续了大约 25 年。由于行业的不同及对传感器功能需求的不同，人们以 MEMS 工艺技术为基础对传感器产品进行了不同结构与封装的创新设计，这使得该产品的应用范围不断扩大，生产出的具有各种各样功能的传感器产品在各领域被认同与接受。

正如硅谷 MEMS 工艺技术创始人丹尼斯先生所说[3]："20 多年来，关于硅谷传感器产品，一直都围绕着以硅基材料为主体的 MEMS 芯片和不同领域的市场应用需求，开展不同结构形式的封装的产品竞争与创新。"由此可见，MEMS 工艺技术被认为是各类传感器的基础工艺技术，业界都称其为传感器的创新源泉。美国行业人士认为，到 2011 年 MEMS 工艺已经成熟，可以对传感器进行广泛的推广与应用。于是，确立并形成了围绕 MEMS 工艺技术与应用两大方向的传感器产业的创新和突破：

一是敏感机理创新与工艺突破。MEMS 工艺技术不仅在材料的应用水平上有所提高，还在工艺结构的创新中有所突破。例如，在各种半导体材料及晶体与非晶体中的应用；在金属薄膜工艺、硅薄膜工艺及硅-硅键合工艺等各领域的多种工艺技术的创新。这使得产品的生产更加微型化，集成度更高，成本更加低廉，大大提高了产品的多项产业化基础水平。

二是应用的创新与智能化水平的提高。长期以来，在生产与应用之间形成了不可忽略的技术难题，使技术发展停滞不前。在嵌入式能力与多功能的集成化等方面有了创新和突破，模块化构架与网络化接口得到优化后，大大改善了生产与应用难以对接的问题。同时，各领域的产品拥有了更好的自主选择与应用设计能力。这大大增加了人们对产品的需求，使得市场空间得到了扩展。

从美国传感器产业的发展中可以总结出几个特点：一是提高基础技术水平，注重新技术和新工艺的创新与应用，从而提高产品质量；二是提高传感器的网络化、能量捕捉及智能化等多个重要技术的协同创新；三是加大政府对传感器技术的管控、扶持、资助与推动；四是加大在各应用领域的推广，带动传感器产业的发展，不断扩大传感器的应用市场，使其不仅在军事工业、装备制造等生产制造业得到应用，还在智能家居、移动医疗等多个涉及人们生活的领域得到广泛的应用。

现有的微波功率传感器大致可分为热敏电阻型微波功率传感器、热电偶型微波功率传感器、二极管型微波功率传感器三种，其中前两者都采用了热转换型的间接测量方法，而最后一种采用了直接测量微波功率的方法。

三者的工作原理如下：

（1）热敏电阻型微波功率传感器：将热敏电阻作为传感器的传感元件，热敏电阻具有很大的温度系数，热敏电阻吸收被测信号产生热量后，其自身的温度升高，从而电阻出现明显的变化，利用电桥的平衡原理测得输入的微波功率[4]。

（2）热电偶型微波功率传感器：终端电阻将微波信号转化为温度信号之后，使热电偶的冷结出现温差，热电偶利用其热电效应可产生热电势。吸收的微波功率与热电偶产生的热电势成正比，从而可得出被测功率的大小。

（3）二极管型微波功率传感器：利用二极管电流-电压曲线的整流特性与非线性，使微波信号通过二极管后转化为低频信号，这种低频分量和输入的微波功率在它的平方率区成比例，是一种直接测量微波功率的方法。这种传感器的测量速度快、测量动态范围大、可以反映信号包络的变化，但是其测量精度低[5-7]。

三种不同类型的微波功率传感器可以测量不同范围的微波功率。其中二极管型微波功率传感器的测量下限可以达到-70dB·m；热电偶型微波功率传感器的测量范围在 30～20dB·m 之间；而热敏电阻型微波功率传感器的测量范围是三种微波功率传感器中最小的。由此可以看出，热敏电阻型微波功率传感器是这三种传感器中性能最差的，而热电偶型微波功率传感器在测量不是非常微弱的微波功率时是最好的选择，它具有非常多的优点：不需要偏置电场就可以产生电动势、一致性好、频带宽等，并且热电偶型微波功率传感器非常适合利用 MEMS 技术来设计和制造，在其制造上也可以体现出 MEMS 工艺相较于传统加工工艺的诸多优点。

随着科技的发展和时代的进步，MEMS 工艺技术也在日益进步。现在，使用 MEMS 工艺技术可以设计制造出精度更高、响应速度更快且成本更低的 MEMS 微波功率传感器了。有许多国内的作者都提出了拥有不同结构和不同功能的热型 MEMS 微波功率传感器。王德波与廖小平设计了一种对称结构的微波功率传感器，用于减少传感器的热损失[8]。对称式微波功率传感器将输入的微波功率转换为直流功率，通过测量直流功率来推算出微波功率的大小。对称式的结构使其消除了温度漂移的影响，这提高了传感器的测量准确度。但由于传感器的微波功率会产生电磁耦合与寄生效应，所以为了更全面地掌握该对称式传感器的工作机理，他们建立了该传感器的热学模型，并利用 HFSS 软件对该传感器在不同微波频率下的微波损耗功率、损耗电压及能量吸收效率进行了对比分析。最后实验得出，输入的微波功率可以被直流功率准确测量出来，并且直流功率具有非常好的线性度。田涛与廖小平基于传热学原理，通过改变其传热形式而设计出了一种新型传感器结构——三明治结构[9]。该传感器不同于传统结构的地方是，终端负载采用了四个并联的 200Ω 的电阻，使其呈上下的垂直结构。取代了原来结构中水平分布的两个并联的 100Ω 的终端电阻。热电堆被电阻夹在了中间，形似三明治，所以称其为三明治结构。与传统的微波功率传感器相比，三明治结构传感器将原来的水平传热形式改为了垂直传热形式，这使得传感器的热量损失有了明显的减少，大大提升了它的灵敏度。三明治结构传感器应用的工艺不复杂且它的测量精度也有了很大程度的提高。现在的微波功率传感器大部分都是基于 CMOS 工艺制造的。陈宁娟与廖小平基于 GaAs MMIC 工艺研究了一种新型传感器，它可以与 GaAs 微波电路实现单片集成[10]。与大多数传感器一样，它的工作原理是基于热电偶的热电效应。终端式 MEMS 微波功率传感器通过共面波导将微波功率输入进来。在 50Ω 的共面波导的终端并联了两个热电偶臂。热电偶通过吸收微波功率来发热，并将这些产生的热量转化为直流电压。最后，可通过测量输出电压来推算输入的微波功率的大小。当热电偶与传输线有相等的特性阻抗时，负载不会反射输入信号，微波功率可以被其全部吸收。为了减小传感器中的热损失，该传感器采用的是 GaAs 加工技术，并在软件中模拟了传感器的温度分布与反射系数。

虽然我国学者现已研究出许多新型传感器结构，但是与国外相比，我国传感器产业发展依旧缓慢，国家战略认识高度还远远不够。传感器的设计与制造分属于不同的行业和部门，多方管理使得它在发展上难以达成共识，造成了管理乱象。同时，国家也缺乏政策上的支持，这就导致了产业的分散，使得传感器产品没有实现系列化。在中国的 1200 多家传感器企业中，95%以上是小微型企业，这表明了我国传感器行业在人力、物力及工艺技术条件等基础资源配置上有着明显的不足，产业化基础薄弱。不仅如此，相对于市场需求，国内缺乏相应的技术创新与应用开发的能力。并且，相比于国外的产品，我国生产的同类产品的一些性能指标，如可靠性、稳定性等，要低 1～2 个数量级。产品的整体技术水平及各项参数指标上不去，就不能满足准入门槛过高的市场对企业配套能力与资质的要求。在国内，该行业内只有不多于 3%的专业化企业，这是因为整个行业缺乏龙头企业的带动与引领。国内缺少国际化品牌，国内的产品缺少市场影响力、竞争优势及基础研究能力。国内使用的核心芯片大部分都来源于进口，中高档产品几乎百分百是进口的。整体工艺技术水平落后于国外先进国家 10～15 年。在射频器件中，有 95%是由欧美厂商主导的，亚洲厂商一个都没有。为了打破行业垄断现象，提高功率传感器的质量并将其产业化，将成为未来技术创新与市场竞争的焦点。

4.3 微波功率传感器的设计

4.3.1 微波功率传感器的原理与理论

在微波功率测量领域，热电偶型微波功率传感器是应用最为广泛的一种。如图 4.1 所示，为微波功率传感器芯片结构示意图。它测量功率所利用的基本原理如下：在特征阻抗为 50Ω 的共面波导的传输线上输入微波信号，随后，微波信号传输到共面波导终端连接着的 50Ω 的匹配电阻上。该 50Ω 的负载是由两个并联着的 100Ω 的电阻组成的。终端电阻在吸收了微波信号后将其转化为热的形式来消耗功率。位于电阻下方的热电堆的热结在感受到了电阻传出的热后，温度上升，从而使冷热端产生温差并在热电堆的冷端输出直流电压。因此，可以得出输入功率与输出电压之间的关系。

该微波功率传感器芯片等效电路如图 4.2 所示。图 4.2 中，V_s 代表与输入的微波功率等效的直流电压，P_s 代表源端的输入功率，R_h 代表终端的负载电阻，而 P_h 代表终端电阻 R_h 上吸收的功率转化的热功率。热电堆对其热功率进行测量，从而得到输出电压 V_o。假设热对流与热辐射的影响忽略不计，那么，温度梯度 ΔT 就等于热功率 P_h 除以热导 L_{th}。从而可以得出下面的公式：

$$V_o = \frac{N\alpha_s}{L_{th}}\frac{V_s}{R_h} = \frac{N\alpha_s}{L_{th}}P_h$$

式中，N为热电偶的数量，α_s 是塞贝克系数。

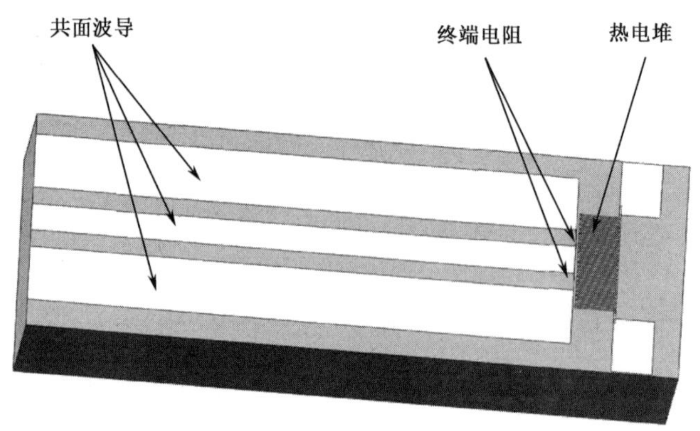

图 4.1　微波功率传感器芯片结构示意图

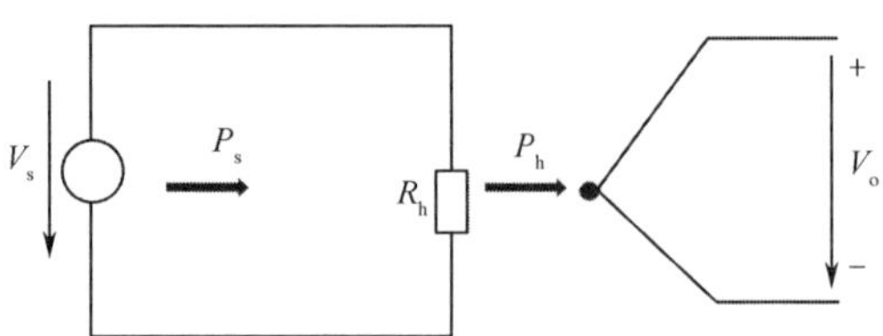

图 4.2　微波功率传感器芯片等效电路

该传感器的工作原理主要包含两个步骤[13]：电热转换（负载电阻吸收微波功率并将其转换为热量）和热电转换（热电堆测量温度差并根据塞贝克效应产生直流电压）。

1. 电热转换

负载电阻用作加热器，将微波功率转换为热功率。但是，由于微波信号在通过 CPW 时会产生损耗，所以电阻不能将微波功率完全转换成热功率。CPW 的损耗系数 α 可以表示为：

$$\Delta t=\frac{1.25t}{\pi}\left[1+\ln\frac{4\pi s}{t}\right] \tag{4.1}$$

$$k_t=\frac{s+\Delta t}{s+2w-\Delta t} \tag{4.2}$$

$$b=0.183\left(t+0.464\right)-0.095k_t^{2.484}\left(t-2.595\right) \tag{4.3}$$

$$a=\sqrt{\frac{\varepsilon_{\mathrm{r}}+1}{2}}\left[\frac{45.152}{(sw)^{0.410}\exp\left(2.127\sqrt{t}\right)}\right] \tag{4.4}$$

$$\alpha=af^{b} \tag{4.5}$$

式中，s 是 CPW 的中心宽度，w 是 CPW 的狭缝宽，t 是 CPW 的厚度，f 是微波频率，ε_{r} 是衬底的有效介电常数。因此，可以获得 CPW 损耗（αl_{c}）与输入微波功率及负载电阻消耗的微波功率之间的关系：

$$\alpha l_{\mathrm{c}}=10\log\left(\frac{P_{\mathrm{in}}}{P_{\mathrm{r}}}\right) \tag{4.6}$$

式中，l_{c} 为 CPW 的长度，P_{in} 为输入的微波功率，P_{r} 为负载电阻消耗的微波功率。

负载电阻消耗的微波功率可以表示为：

$$P_{\mathrm{r}}=10^{-\frac{\alpha l_{\mathrm{c}}}{10}}P_{\mathrm{in}}=\lambda P_{\mathrm{in}} \tag{4.7}$$

式中，λ 为 CPW 的能量转换效率。

根据能量守恒定律，热平衡方程表示为：

$$P_{\mathrm{r}}=\rho cV\frac{\mathrm{d}T(t)}{\mathrm{d}t}+\frac{T(t)-T_{0}}{R_{\mathrm{th}}} \tag{4.8}$$

式中，ρ、c、V 分别为负载电阻的密度、比热和体积，T_0＝300K 是环境温度。热阻 R_{th} 是由热传导、热对流、热辐射三种传热机制共同作用而形成的。

热传导 R_{th1}（包括负载电阻和基板之间、负载电阻和热电堆之间及负载电阻和 CPW 之间三种方式）可以表示为：

$$R_{\mathrm{th1}}=\frac{1}{\frac{1}{R_{\mathrm{th1s}}}+\frac{1}{R_{\mathrm{th1t}}}+\frac{1}{R_{\mathrm{th1c}}}}=\frac{1}{\frac{\lambda_{\mathrm{s}}A_{\mathrm{s}}}{l_{\mathrm{s}}}+\frac{\lambda_{0}A_{0}}{l_{0}}+\frac{\lambda_{\mathrm{c}}A_{\mathrm{c}}}{l_{\mathrm{c}}}} \tag{4.9}$$

式中，λ_{s} 是衬底的导热系数，λ_0 是空气的导热系数，λ_{c} 是 CPW 的导热系数，l_{s} 是负载电阻下的衬底厚度；l_0 是电阻与热电堆之间的距离，l_{c} 是 CPW 的长度，A_{s} 是负载电阻器上部的面积，A_0 是负载电阻器和热电堆之间的侧面积，A_{c} 是负载电阻器和 CPW 之间的侧面积。

热对流 R_{th2} 可表示为：

$$R_{\text{th2}} = \frac{1}{hA_{\text{s}}} \tag{4.10}$$

式中，h 是对流系数。

热辐射 R_{th3} 可表示为：

$$R_{\text{th3}} = \frac{1}{4\varepsilon\sigma_{\text{b}}A_{\text{s}}T_0^3} \tag{4.11}$$

式中，ε 是材料的发射率；σ_{b} 是 Stefan Boltzmann 常数。

因此，热阻 R_{th} 可表示为：

$$R_{\text{th}} = \frac{1}{\dfrac{1}{R_{\text{th1}}} + \dfrac{1}{R_{\text{th2}}} + \dfrac{1}{R_{\text{th3}}}} \tag{4.12}$$

为了简化问题，忽略了式（4.8）中的非线性系数。负载电阻的温度表达式为：

$$T(t) = \lambda P_{\text{in}} R_{\text{th}} \left[1 - \exp\left(-\frac{t}{R_{\text{th}}\rho c V}\right)\right] + 300 \tag{4.13}$$

很明显，负载电阻的瞬态温度随时间呈指数规律变化。随着时间的增加，负载电阻的温度将达到稳定状态。稳定状态下的温度表达式为：

$$T(t) = \lambda P_{\text{in}} R_{\text{th}} + 300 \tag{4.14}$$

因为热电堆的第二支路是 Au/Ge/Ni/Au 层，所以由终端电阻产生的热量不仅在 CPW 中消散，也在热电堆中消散。终端电阻和 CPW 之间的接触面积很小，虽然热电堆不与终端电阻接触，但它们之间的距离只有 10μm，所以一半热通量分布在终端电阻周围，一半热通量传递到热结。

2. 热电转换

可以引入傅里叶等效模型来研究这项工作中的热电转换行为[14]。在负载电阻吸收微波功率并将其转换为热量之后，热电堆将测量温度差并基于塞贝克效应产生直流电压。

为了简化如图 4.3 所示的模型，热电堆和基板被认为是一种具有等效参数的材料，等效热导率 λ_{e} 可以定义为[15]：

$$\lambda_e = \frac{\lambda_s d_s + \lambda_2 \dfrac{d_2}{2}}{d_e} = \frac{\lambda_s d_s + \lambda_2 \dfrac{d_2}{2}}{d_s + \dfrac{d_2}{2}} \tag{4.15}$$

式中，$\lambda_2=(\lambda_n+\lambda_p)/2$ 是平均热导率，λ_n 和 λ_p 分别是 n+GaAs 和 Au 的热导率，λ_s 是衬底的热导率，$d_e=d_s+d_2/2$ 是等效的热电堆的厚度，d_2 和 d_s 分别是热电堆和基板的厚度。

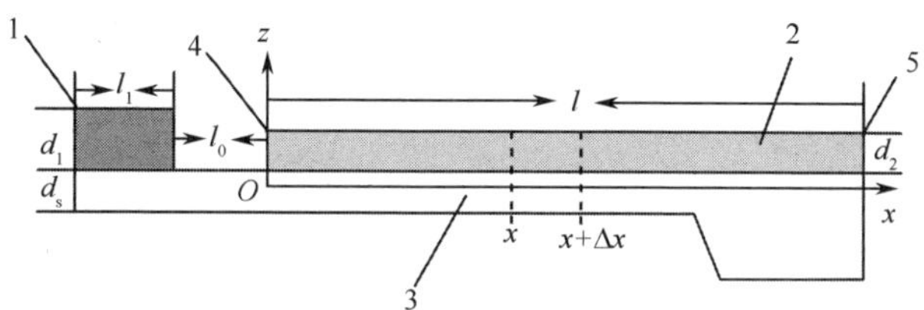

注：1—负载电阻；2—热电堆；3—基底；4—热电堆热端；5—热电堆冷端

图 4.3　传感器截面简图

如图 4.3 所示的坐标系中，通过热传导从 x 到 $x+\Delta x$ 的热交换 $Q_1(T)$表示为：

$$Q_1(T) = \mathrm{d}Q_{\text{out}} - \mathrm{d}Q_{\text{in}} = A\frac{\partial q_x}{\partial x}\Delta x = -\lambda_e w d_e \frac{\mathrm{d}^2 T}{\mathrm{d}x^2}\Delta x \tag{4.16}$$

式中，Q 是热通量，A 是横截面积，w 是热电堆的宽度，q_x 是热通量密度，T 是热电堆的温度。通过对流传递的热交换 $Q_2(T)$和通过辐射传递的热交换 $Q_3(T)$分别表示为：

$$Q_2(T) = 2hw(T - T_0)\Delta x \tag{4.17}$$

$$Q_3(T) = w\sigma_b(\varepsilon_e + \varepsilon_s)(T^4 - T_0{}^4)\Delta x \tag{4.18}$$

式中，$\varepsilon_e=(\varepsilon_n+\varepsilon_p)/2$ 是平均发射率，ε_n、ε_p、ε_s 分别是 n+GaAs、Au 和衬底层的发射率，h 是对流系数。根据式（4.16）～式（4.18），热电偶的稳态傅里叶热方程可表示为：

$$-\lambda_e \mathrm{d}_e \frac{\mathrm{d}^2 T}{\mathrm{d}x^2} + 2h(T - T_0) + \sigma_b(\varepsilon_e + \varepsilon_s)(T^4 - T_0{}^4) = 0 \tag{4.19}$$

当 $T_h-T_0<<T_0$，$T^4 - T_0{}^4 \approx 4T_0{}^3(T - T_0)$时，式（4.19）可以简化为：

$$-\lambda_e d_e \frac{\mathrm{d}^2 T}{\mathrm{d}x^2} + H(T - T_0) = 0 \tag{4.20}$$

式中，$H = 2h + 4\sigma_b(\varepsilon_e + \varepsilon_s)T_0^3$，式（4.20）的边界条件为：

$$-\lambda_e \frac{dT}{dx}\Big|_{x=0} = q_{in}, \quad T|_{x=l} = T_0 \tag{4.21}$$

式中，q_{in}是从负载电阻到热结的热通量密度，l是热电堆的长度。根据式（4.20）和式（4.21），可以得到热结和冷结之间的温差为：

$$\Delta T = T_h - T_c = \frac{q_{in}}{\lambda_e p}\tanh(pl) \tag{4.22}$$

式中，$p = \sqrt{\frac{H}{\lambda_e d_e}}$。基于塞贝克效应，热电堆将温差转换为直流电压。输出电压与热电堆温差的关系可表示为：

$$V_{out} = (\alpha_1 - \alpha_2)N(T_h - T_c) \tag{4.23}$$

式中，α_1和α_2分别是n+GaAs和Au的塞贝克系数，T_h和T_c分别是热结和冷结的温度，N是热电偶的数量。

根据式（4.22）和式（4.23），获得功率传感器的输出电压：

$$V_{out} = (\alpha_1 - \alpha_2)\frac{Nq_{in}}{\lambda_e p}\tanh(pl) \tag{4.24}$$

在单位时间内，热通量密度q_{in}可以定义为：

$$q_{in} = \frac{1}{2} \times \frac{Q}{A} = \frac{1}{2} \times \frac{P_r}{wd_e} \tag{4.25}$$

式中，Q是总热通量。它分布在电阻器周围，一半的热通量传递到热结。A是热通量的有效横截面积，我们假设热通量在该区域均匀分布。

根据式（4.5）、式（4.7）、式（4.24）和式（4.25），可以获得输出电压：

$$\begin{aligned} V_{out} &= (\alpha_1 - \alpha_2)N(T_h - T_c) \\ &= \frac{P_{in}10^{-\frac{af^b l_c}{10}}(\alpha_1 - \alpha_2)N\tanh(pl)}{2\lambda_e pWd_e} \end{aligned} \tag{4.26}$$

在微波功率传感器中，功率流（P_s）以热能（P_h）的形式通过具有热电阻的热流路径，然后就到了冷源，这样沿着热流路径就产生了温度梯度（ΔT）。该温度梯度会由温度传感器件——热电堆转化为电学直流信号。微波功率传感器的传热路径如图 4.4 所示。

图 4.4　微波功率传感器的传热路径

传感器在从功率转换到输出电压的过程中会出现热损失，从而使传感器的性能下降，所以，为了提高传感器的总体性能，必须尽量提高传感器各基本单元的性能，下面将详细介绍传感器中三个基本单元的结构和性能参数。

4.3.2　微波功率传感器的基本单元与性能

1. 共面波导

在介质衬底的一个平面上制造出中心导体带，并在位于同一平面的中心导体带的两侧制造出接地板，这种结构被称为共面波导（CPW）。而在与之相对的介质衬底的另一平面没有任何导体的覆盖。共面波导也可称为共面微带传输线。介质衬底采用高介电常数的材料制作[16]，可以使电磁场更加集中在中心导体带与接地板所在面的空气和介质的交界处。由于在此结构中，接地板与中心导体带位于介质衬底的同一平面，所以非常有利于在其终端并联元器件。所以，在微波功率传感器中，终端电阻的并联是非常易于实现的。因此，就用并联电阻的方式进行信号的传输。共面波导结构截面示意图如图 4.5 所示。

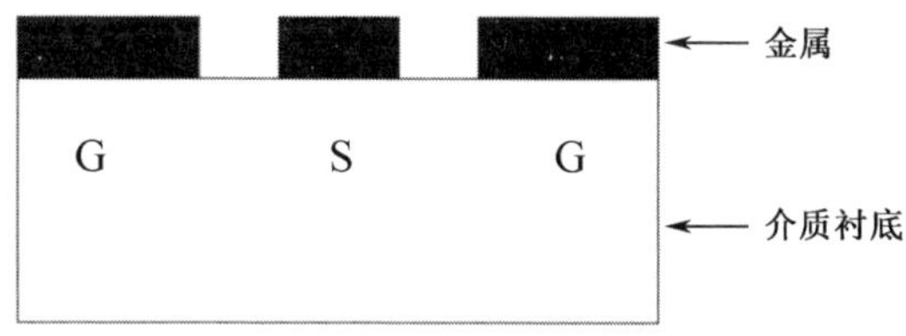

图 4.5　共面波导结构截面示意图

CPW 的特征阻抗 Z_0 由共面波导的截面尺寸决定，可以通过改变截面尺寸对其阻抗进行调整，推导公式如下：

$$Z_0 = \frac{30\pi}{\sqrt{\varepsilon_e}} \cdot \frac{K(k')}{K(k)} \tag{4.27}$$

$$\frac{K(k')}{K(k)}=\begin{cases}\left[\dfrac{1}{\pi}\ln\left(2\times\dfrac{1+\sqrt{k'}}{1-\sqrt{k}}\right)\right]^{-1} & 0\leqslant k\leqslant 0.7\\ \dfrac{1}{\pi}\ln\left(2\times\dfrac{1+\sqrt{k}}{1-\sqrt{k}}\right) & 0.7<k\leqslant 1\end{cases} \tag{4.28}$$

$$K'(k)=K(k'),\quad k'=\sqrt{1-k^2} \tag{4.29}$$

$$k=\frac{a}{b},\quad a=\frac{S}{2},\quad b=\frac{S}{2}-W \tag{4.30}$$

$$\varepsilon_{\mathrm{e}}=1+\frac{\varepsilon_{\mathrm{r}}-1}{2}\frac{K(k')K(k_1)}{K(k)K(k_1')} \tag{4.31}$$

$$k_1=\frac{\sinh\left(\dfrac{\pi a}{2h}\right)}{\sinh\left(\dfrac{\pi b}{2h}\right)} \tag{4.32}$$

式中，S 是信号线的宽度，W 是信号线与地线的距离，h 为衬底厚度。ε_{r} 是介质的介电常数，而 ε_{e} 是介质的有效介电常数，$K(k)/K(k')$是第一类椭圆积分比。微波功率传感器结构中，CPW 的阻抗通常为 50Ω。当 CPW 传输微波时，它的损耗有三种：介质损耗、导体损耗、辐射损耗。通常而言，辐射损耗很小，可以忽略不计，而介质损耗相对于导体损耗来说要小得多，因而导体损耗是微波功率传感器中主要的损耗。影响导体损耗的因素有传导率、趋肤效应、表面粗糙度等。减小导体损耗可以通过选择传导率较高的金属、使金属厚度大于 3δ～5δ（趋肤深度 $\delta=\dfrac{1}{\sqrt{f\pi\mu\sigma}}$，$\mu$ 是介质磁导率，σ 是金属电导率）、尽可能提高工艺精度及降低表面粗糙度等方法实现。

（1）回波损耗。它涉及共面波导与终端电阻之间反射的射频损耗，共面波导与终端电阻之间产生的阻抗不匹配是造成回波损耗的主要原因。

（2）插入损耗。它也涉及传感器的射频损耗，在高频下趋肤效应的损耗及在中低频下信号线和与其接触的差分电阻的损耗等都是造成插入损耗的原因。用 S 参数可得到单位长度的有效介电常数、传输常数，再用传输常数得到特征阻抗。在理想状况下，传输常数为 c（光速），插入损耗为零。

2. 终端电阻

微波功率传感器上的终端电阻是用来吸收共面波导上输入的功率的，并且要将其转化为热。终端电阻与共面波导必须达到无反射匹配，才可以使共面波导上传输的功率完全被电阻吸收。共面波导的特征阻抗为 50Ω，所以要使其上的能量不被反射，终端电阻的阻值也应为 50Ω。然而，在工艺制造上不可能实现两者之间的完全匹配，只能尽量使其阻值相差不大。由于共面波导的终端电阻是由两个 100Ω 的电阻并联而成的，这大大增加了电阻值的准确性。许多材料都可以用来制造终端电阻，如传输线电阻、多晶硅电阻等。只要单个电阻的阻值可以达到 100Ω 就能满足要求。但是，由于终端电阻吸收微波功率后需将其转化为热，所以要求电阻所使用的材料应具有较小的温度系数，并且终端电阻还应具有非常可靠的稳定性以保证整个传感器的稳定性。本章使用氮化钽薄膜电阻作为终端电阻。

3. 热电堆

热电堆的主要特性如下。

（1）稳定性。稳定性是热电偶电特性相对稳定的标志，若热电偶的热电特性随着测量温度的时间增加而发生变化，则温度测量就失去了应有的意义。

（2）均匀性。均匀性是指热电极材料结构的均匀程度。要使热电偶的热电动势与热电偶的温度无关，而仅与两结点的温度有关，那么，必须使用两个均质导体来制备热电偶的两个热电极。当热电偶的两个热电极采用非均质的导体来制备，并处于具有温度梯度的温度场时，其会产生附加的电势，使测量产生较大的误差。这时，我们就不能通过测量热电偶的输出电势的大小来判断输入的微波功率的大小了。

（3）热惰性。热惰性即热电偶的时间参数，是指被测介质从某一温度跃变到另一温度时，热电偶热端的温度上升到整个阶跃温度所需要的时间。

（4）绝缘电阻。在常温（20±5℃）下，热电偶在测量端开路时的绝缘电阻一般应大于 2MΩ，高温时，在不同的温度处绝缘电阻有少许变化。

在间接加热式微波功率传感器中，上述终端匹配电阻将能量转化为热。热的测量采用了利用热电堆将温度转化为直流输出电压的方法。

如果将两块导体或半导体 a 和 b 的热端连接在一起，热端与冷端之间存在温度差 ΔT，则在两个冷端之间就会产生开路电压 ΔV，如图 4.6（a）所示。此效应称为塞贝克效应（热电效应），即当两种不同材料的结点的温度被加热到高于其余两个自由端的温度时，在两个自由端之间便会出现直流电势，其大小与冷热结的温差成正比。

塞贝克效应的产生前提是选用两种不同的材料，由于不同的能带分布和不同的费米能量，将在接触面形成内置电场，相同的材料则不行[17]。塞贝克效应是一种体性质，与材料的连接方式无关。上面所述的由两种材料所组成的结构又称为热电偶，多个热电偶串联可以组成所谓的热电堆。热电堆的热电效应表达式为：

$$\Delta V = N\alpha_s\Delta T$$

式中，N 为热电堆中热电偶的个数，α_s 为塞贝克系数（V/K 或 μV/K），ΔT 是温差。一般，半导体的塞贝克系数比金属大得多。由三个热电偶组成的热电堆的结构如图 4.6（b）所示。选用热电偶材料时主要考虑其品质因数，必须选择在测量温度范围内品质因数最大的材料。对于由 a 和 b 两种材料组成的热电偶，其品质因数可以用下式表示：

$$Z = \frac{(\alpha_a - \alpha_b)^2}{\left(\sqrt{\rho_a\kappa_a} + \sqrt{\rho_b\kappa_b}\right)^2}$$

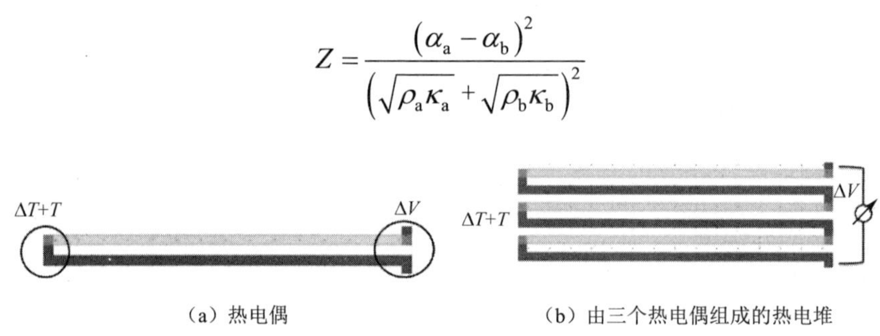

（a）热电偶　　（b）由三个热电偶组成的热电堆

图 4.6　热电偶与热电堆结构示意图

习惯上常用单一的材料来定义品质因数：

$$Z = \frac{\alpha_s^2}{\kappa\rho}$$

式中，κ 为热导率，ρ 为电阻率，α_s 为塞贝克系数。由公式可以看出，品质因数与塞贝克系数、热导率和电阻率有关，当塞贝克系数最大时，材料的品质因数最大。

4.3.3　微波功率传感器的结构与材料

传感器的结构尺寸是根据共面波导的间距通过 HFSS 软件仿真建立而成的。

如图 4.7 所示为微波功率传感器芯片的结构示意图，其中数据的单位均为 nm。各部分的组成材料如表 4.1 所示。

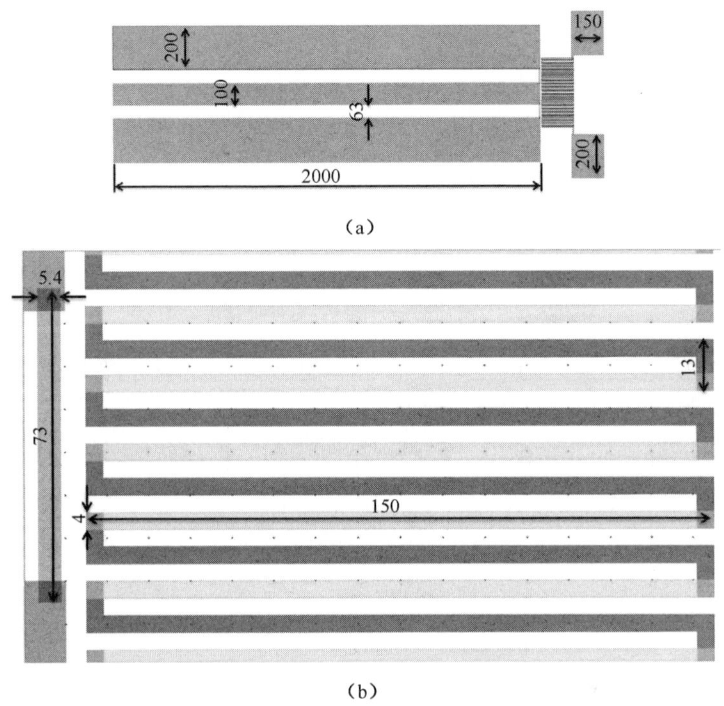

图 4.7 微波功率传感器芯片的结构示意图

表 4.1 各部分的组成材料

结 构	材 料	厚 度
共面波导	Ti/Au	10/600nm
终端电阻	TaN	300nm
热电偶（负导体）	GaAs	600nm
热电偶（正导体）	Au/Ge/Ni/Au	2000Å/200nm
直流电压板	Au	600nm

其中电阻采用了氮化钽材料。氮化钽是由氮元素与钽元素反应而生成的 Ta 的化合物，随着氮元素含量的不同依次生成少氮的 $TaN_{0.1}$、Ta_2N、TaN，以及多氮的 Ta_3N_5[18]。其中 Ta_2N 薄膜材料是黑灰色粉末状物质，其结构是六方晶体，晶格常数为 α=0.304nm，c=0.490nm，密度为 15.78g/cm^3，电阻率为

（220±15）μΩ·cm。它的耐酸性好，在盐酸、硝酸及氢氟酸中不会被溶解。其只会被硫酸、硝酸及过氧化氢的混合液氧化，拥有很好的化学稳定性。氮化钽薄膜材料的结构和性能与它的含氮量有很大的关系，氮含量不同，其性能与结构会有很大的差异。与传统的电阻材料相比，TaN 薄膜拥有自钝化的抗腐蚀能力，类似于金属铝，由于表面可迅速形成致密的氧化层保护膜，因而可以有效地阻挡空气中水蒸气与氧气的进一步腐蚀，不至于与镍铬薄膜材料一样，因为封装不佳或保护涂层脱落而引起导电性能的严重失效。良好的物理与化学性能让氮化钽薄膜成为最热门的电阻薄膜研究材料之一。氮化钽薄膜电阻材料具有抗潮湿性好、温度电阻系数小、自钝化、稳定性高、使用功率大、工作频率高等优点，这使其成为微波功率传感器中薄膜电阻材料研究的主流方向。

衬底采用了 GaAs 材料。从介质损耗的角度分析，选用 GaAs、高阻硅等高阻材料作为衬底时，可以有效减小介质损耗，从而减小对总的传输损耗的影响[19]。所以从微波无源器件的角度出发，对于减小损耗、提高传输效率，采用高阻硅作为衬底是一个好的选择。但是，已有的成熟的低成本硅工艺还不能与高阻硅兼容，并且高阻硅较贵，成本较高。而低阻硅虽然可以与硅工艺兼容，但它作为衬底时，其内有浓度较高的自由载流子。当传输微波信号时，硅基体上由于电磁耦合而产生的感生电流密度较大，造成介质分子的晶格碰撞与交替极化，产生了不可忽略的较大的介质损耗，对传输特性极为不利。因此，微波无源器件的制备不能直接采用低阻硅材料。除硅材料以外，GaAs 也是一种重要的半导体材料，它属于Ⅲ-Ⅴ族化合物半导体，结构为闪锌矿型晶格结构，晶格常数为 5.65×10^{-10}m，熔点为 1237℃，禁带宽度为 1.4eV。相比较于 Si 来说，GaAs 具有更小的热导率，把 GaAs 作为微波功率传感器的衬底，可以大大减小共面波导的终端电阻上及热电堆热端由于衬底的热传导而造成的热损失，从而使微波功率传感器测量的准确度有所提高。采用 GaAs 材料制备的半导体器件具有众多优点，如高频、高温、噪声小、低温性能好、抗辐射能力强等。GaAs 于 1964 年进入实用阶段，可以应用 GaAs 材料制备出电阻率比锗和硅高三个数量级或以上的半绝缘的高阻材料。GaAs 可以用于制造红外探测器、集成电路衬底及 γ 光子探测器等。由于 GaAs 的电子迁移率比 Si 大 5～6 倍，所以被广泛应用于制造微波器件及高速数字电路等。

衬底各部分组成材料如表 4.2 所示。

表 4.2　衬底各部分组成材料

层 ID	材料	Al 的含量	厚度/Å	掺杂成分	掺杂量/cm^{-3}
6	GaAs	—	1000	Si	2.00E+18
5	AlxGa1-xAs	x=0.4	5000	Si	2.00E+17
4	AlxGa1-xAs	x=0.48	10000	—	
3	GaAs	—	5000	—	—
2	AlxGa1-xAs/GaAs	x=0.4	185/15	—	—
1	GaAs	—	200	—	—
4-inch，GaAs（100） 500μm，半绝缘衬底					

4.3.4　微波功率传感器的制造工艺

在该微波功率传感器的制造中，主要应用了以下几种加工工艺。

1. 分子束外延

分子束外延[20]（Molecular Beam Epitaxy，MBE）是一种新发展起来的外延制膜方法，也是一种特殊的真空镀膜工艺。外延是在适当的衬底和合适的条件下，在衬底材料晶轴方向上逐层生长薄膜的方法，它是一种制备单晶薄膜的新技术。该技术具有很多优点：它的膜层生长速度慢，使用的衬底温度低，膜层组分与掺杂浓度可随源的变化进行迅速调整，且束流强度易于精确控制。这种技术不仅可以制备薄到几十个原子层的单晶薄膜，还可以制备由交替生长不同掺杂、不同组分的薄膜而制成的超薄层量子显微结构的材料。

2. 离子溅射

溅射是离子加工中最主要的功能。入射离子向固体靶材料原子传递能量，从而使这些原子拥有足够的能量，最终逃逸出固体表面，这种现象被称为离子溅射。这个过程并不是一对一的[21]。大量的反弹原子在离子束轰击靶材时被生产出来。周围的原子接收到反弹原子传递的能量后，形成了更多的反弹原子。其中接近于材料表面的部分反弹原子有机会获得足够的动能，从而挣脱表面能的束缚，成为溅射原子。当离子束轰击和化学活性气体结合时，可以使溅射速率得到极大的提高。它实质上是离子溅射和化学气体刻蚀的结合。活性气体离子（如 Cl^{-1}、F^{-1} 等）能够与 Si、GaAs 或 Al 产生强烈的化学反应而生成可挥发的化合物。在溅射室中通入少量的活性气体，是化学辅助溅射的原理。通入的气体分子将吸附在靶材料表面。吸附原子在聚焦离子束的轰击下电离为离子，随后与靶材料原子反应，形成挥发性气体化合物。最后，聚焦离子束机的真空系统将其排走。

3. 电镀

现在，应用电镀制备金属微结构已经成为一种成熟的工业化技术。早在 20 世纪 70 年代，计算机中的微磁存储器就是通过电镀铜与坡莫合金制作的[22]。利用金属电镀制备微纳米图形结构的过程可以被简单地归纳为三个步骤。首先要在衬底材料上制作一层金属导电薄膜，将其作为电镀的起始衬底（Seed Layer）。然后通过电子束曝光或光刻形成抗蚀剂掩模或光刻胶。接着将制作有光刻胶图形的基片放入电镀液池中，与被镀金属电极连接成电流通路。金属电极在电解液作用下释放金属离子，并在电场驱动下沉积到衬片表面暴露的金属层上。最后将光刻胶掩模去除，腐蚀并清除衬底表面其余的金属膜，以便得到金属微结构图形。

4. 反应离子刻蚀技术

所有与材料加工技术或化学腐蚀液体刻蚀技术无关的技术都是干法。而通过逐层剥离的方法使加工材料表面得到需要的图形或结构设计的技术称为刻蚀。干法刻蚀技术的概念所包含的内容非常广泛，其可分为狭义和广义两种。加工材料表面时，利用等离子体放电产生的化学和物理过程对其进行加工的方法是狭义上的干法刻蚀技术，而除等离子体刻蚀技术外的其他化学和物理加工方法，如化学蒸汽加工、激光加工、喷粉加工及火花放电加工等，为广义上的干法刻蚀技术。

在这些加工技术中，反应离子刻蚀（Reactive Ion Etching，RIE）技术的微纳米加工能力最强，它也是现在应用最为广泛的一种刻蚀技术。反应离子刻蚀是在等离子体中发生的。可以简单地将反应离子刻蚀归纳成离子轰击辅助的化学反应过程。反应离子刻蚀技术的必要条件之一为离子化学活性气体的参与；另一个必要条件为刻蚀反应物必须是挥发性产物，这样才可被真空系统抽走，从而使其离开反应刻蚀表面。虽然反应离子刻蚀的过程非常复杂，但可以将其定性地描述为四个同时发生的过程[23]。

（1）物理溅射。阴极表面的负电场有利于加快离子的速度。离子对样品表面进行轰击时，一方面在清除了样品表面天然氧化层（Native Oxide Layer）及碳氢化合物污染的同时，使得反应气体分子更易于吸附，另一方面也使其对样品表面进行了物理溅射刻蚀。

（2）离子反应。样品表面原子化学活性气体的离子接触，直接进行反应。随后真空系统将它们生成的挥发性产物抽走。

（3）产生自由基。在样品表面吸附着化学活性分子，入射离子将这些化学活性分子分解成自由基。

（4）自由基反应。被入射离子分解成的自由基在材料表面进行迁移，并与样品表面的原子产生反应，所生成的挥发性产物被真空系统抽走。

图 4.8 所示为微波功率传感器的制造过程示意图，其基本制造过程为：①外延生长 GaAs；②溅射 Au/GeNi/Au；③氮化钽沉积；④溅射 Ti/Au/Ti；⑤电镀金；⑥减去基底；⑦内腐蚀。

该功率传感器可以与 MMICS 及其他平面连接电路集成。微波功率传感器的工艺要求简述如下：

（1）GaAs 支撑层厚度为 500μm。GaAs 通过分子外延技术构成，用于热电偶的一段。

（2）Au/GeNi/Au 层通过蒸发厚度为 200/2000Å 的升离过程射到热电堆上。

（3）该负载电阻是通过沉积正方形电阻的 TaN 层，采用升压工艺制成的。为了实现 50Ω 的匹配电阻，两个 100Ω 电阻并联。

（4）溅射 Ti/Au 层。Ti/Au 晶种层的作用是增强 Au 与基体的结合，防止 Au 在结合时分层。

（5）去除顶部 Ti 层后，通过电镀 2μm 厚的 Au 层形成 CPW 传输线。

（6）基片薄到 100μm。

（7）在热连接下的衬底和负载电阻被蚀刻，形成一个 15μm 厚的膜与反应离子刻蚀（RIE），刻蚀速率为 1m/min，分别用 Cl_2 和正极光刻胶作为气体和蚀刻掩模。

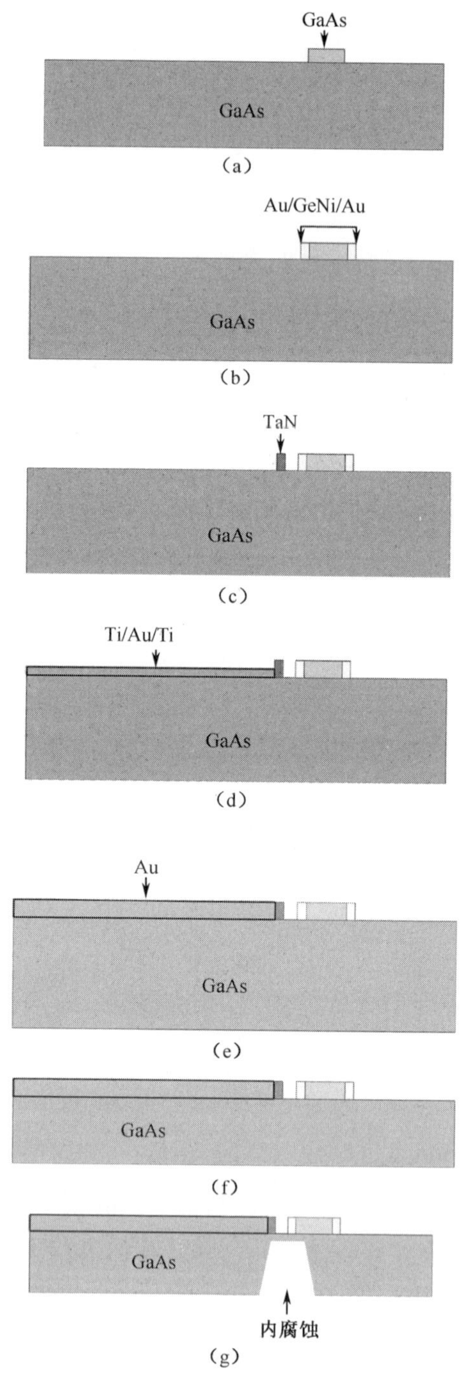

图 4.8 微波功率传感器的制造过程示意图

4.4 仿真软件简介

COMSOL Multiphysics 是一款由瑞典的 COMSOL 公司研究开发的大型高级数值仿真软件。它在各领域的工程计算及科学研究中都得到了广泛的应用，适用于模拟科学及工程领域的各种物理过程。当今世界的科学家们认为它是“第一款真正的任意多物理场直接耦合分析软件”。COMSOL Multiphysics 是一款大型的高级数值仿真软件，有限元方法是它的基础。它可以通过求解偏微分方程（单场）与偏微分方程组（多场）来实现真实物理现象的仿真。它不仅拥有高效的计算性能及出色的多场直接耦合分析能力，还可以对任意多物理场进行高度精确的数值仿真。在全球领先的数值仿真领域中，COMSOL Multiphysics 仿真软件在声学、生物科学、化学反应、电磁学、燃料电池、流体动力学、地球科学、热传导、微波工程、微系统、光学、光子学、量子力学、多孔介质、射频、半导体、传动现象、结构力学、波的传播等多个领域得到了广泛应用。

COMSOL Multiphysics 中提供了大量预定义的物理应用模式。其中涵盖了声学、结构力学、流体流动、化工、热传导及电磁分析等多种物理场。模型中的材料属性、源项及边界条件等可以是常数或任意变量的函数，也可以是逻辑表达式或代表了实测数据的插值函数等。与此同时，用户也可以选择自己需要的物理场，并对它们之间的相互关系进行定义。用户也可以输入自己需要的偏微分方程（PDEs）并定义它与其他方程之间的关系。

目前，COMSOL Multiphysics 已经成为全球各大著名高校内教授有限元方法及多物理场耦合分析的标准软件。不仅如此，该软件在全球五百强企业中被认为是增强创新能力及提升核心竞争力与加速研发的重要工具。除此之外，COMSOL Multiphysics 软件还被 NASA 技术杂志多次评选为“本年度最佳上榜产品”。NASA 技术杂志的主编点评道：“NASA 科学家所选出的年度最佳 CAE 产品的优胜者，表明 COMSOL Multiphysics 是对工程领域最有价值和意义的产品”。[24]

这里主要应用 COMSOL Multiphysics 软件中传热模块的“薄层和薄壳”对该传感器中的热传导进行分析。软件中的“传热模块”提供了专业的层模型和多层材料技术，用于薄层传热建模，便于定义复杂的几何构型，以及研究几何尺寸远小于模型其余部分尺寸的层中的传热。此功能适用于薄层、壳、薄膜和裂隙。

对于各单层，高导热材料适合用热薄层模型来分析。其中，各层所起的传热作用主要在其切向方向上，并且各层面间的温差可以忽略不计。与此相反，在壳的厚度方向上起热阻作用的低导热材料适合用热后层模型进行分析。它可以计算出两个层面之间的温差。嵌入了完整的热方程的通用模型具有比较高的精度与广泛的适用性。多层材料特征支持与常规域模型相似的热载荷。热源和热沉的定义可以在层或层界面上完成。而热通量和表面对表面的辐射的定义则可以在壳的两侧进行。

在使用多层材料技术时，可以通过利用各种预处理工具来详细定义多层材料。从文件中加载多层结构构型并将构型数据保存到文件，并使用其中的层预览特征。除此之外，该模块还拥有很多可视化工具，它可以将多层薄结构转换成现实的三维实体模型，并为其结果生成绘图。绘图的形式包括表面图、切面图及全厚度图。多层材料功能在 AC/DC 模块和结构力学模块中提供，使我们可以在多层材料中包含电磁热或热膨胀等多物理场耦合功能。图 4.9 所示为仿真流程图。

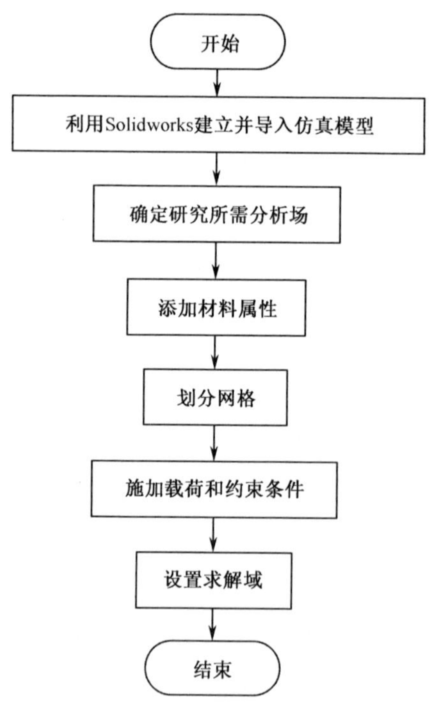

图 4.9　仿真流程图

4.5　微波功率传感器的仿真

1. 仿真模型的建立

在建立仿真模型时，绕 Z 轴旋转的二维模型和立体三维模型是两种常见的选择。两种模型各有优缺点，二维模型计算精度更高，而且通过合理的网格划分和模型简化可以大大缩短仿真计算的时间，提高仿真效率。三维模型则具有更好的直观性，在面对一些并不完全轴对称的模型时更有优势。在研究开始阶段，本书拟采用建立三维模型的方式进行仿真实验。利用 Solidworks 和 COMSOL 直接建立联系，将物理结构直接同步到 COMSOL 中。但由于衬底的厚度与表面镀层厚度的差距超过 100 倍，若直接采用三维仿真模型，计算时间长，精度低，且容易出现计算结果不收敛的现象，因此需要采用其他方式建立模型。

在 COMSOL 中利用几何模块画出衬底，并在衬底表面建立参考平面。如图 4.10 所示，在参考平面上画出衬底上镀膜的轮廓。

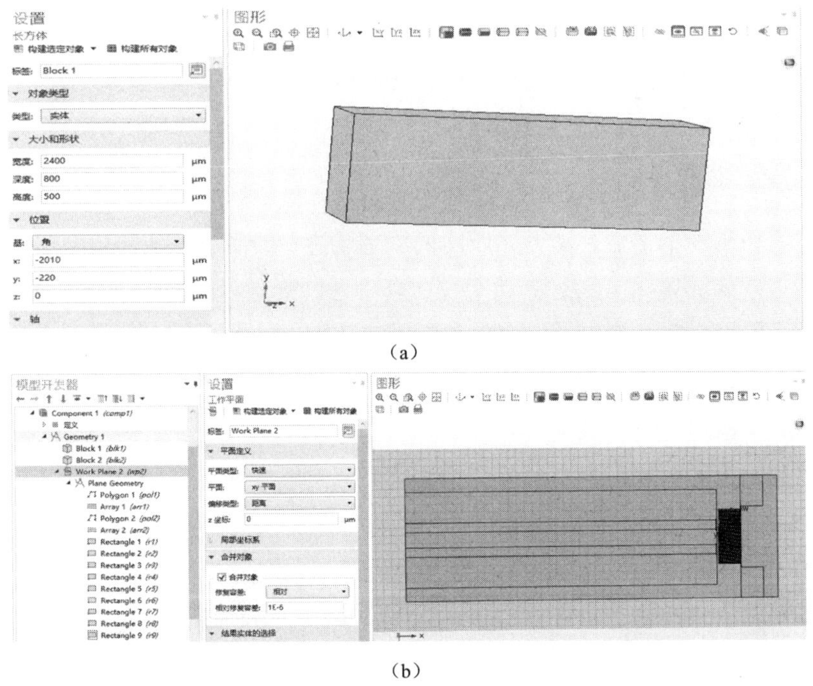

图 4.10　衬底的三维模型

利用 COMSOL 中的薄层模块定义 100nm Au 电极和 TaN 加热电阻，其中热电偶结构为多层，从上至下分别为 Au、Ge、Ni、Au，建立的三维模型如图 4.11 所示。

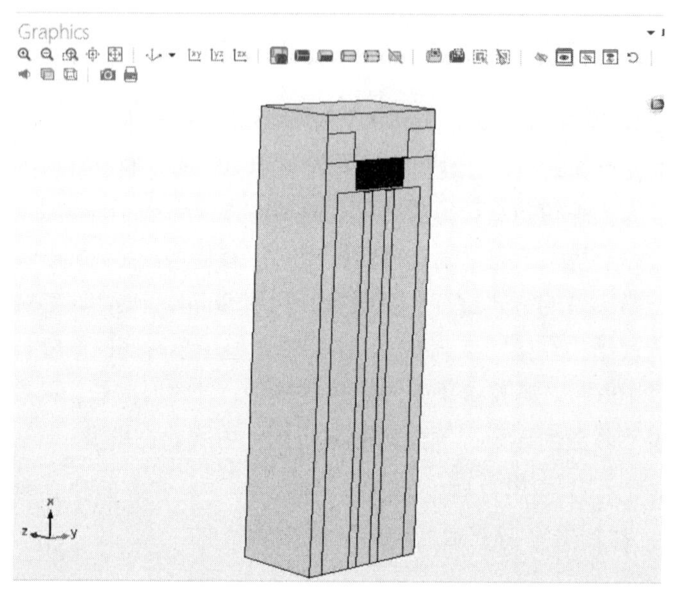

图 4.11　微波功率传感器的三维模型

2. 确定物理场

建立仿真模型之后，需要对所用的物理场进行设置。在实验中，对 TaN 电阻分别加载 50mW 和 100mW 功率，仿真中通过给电阻施加电势的方式使其获得功率，所以需要添加电场，给电阻提供热功率。如图 4.12 所示，因为微波功率传感器上的共面波导中间为信号线、两侧为地线，所以在两电阻与信号线相连处施加电压，两电阻与地线相连处设为接地。

因此，采用电场和温度场耦合的方式对温度场分布展开研究。

3. 添加材料属性

在仿真中使用到的材料有 Au、Ge、Ni、GaAs、TaN。通过查阅相关资料，对材料的热力学参数进行设置，并据此对几何域添加材料，如图 4.13 所示。

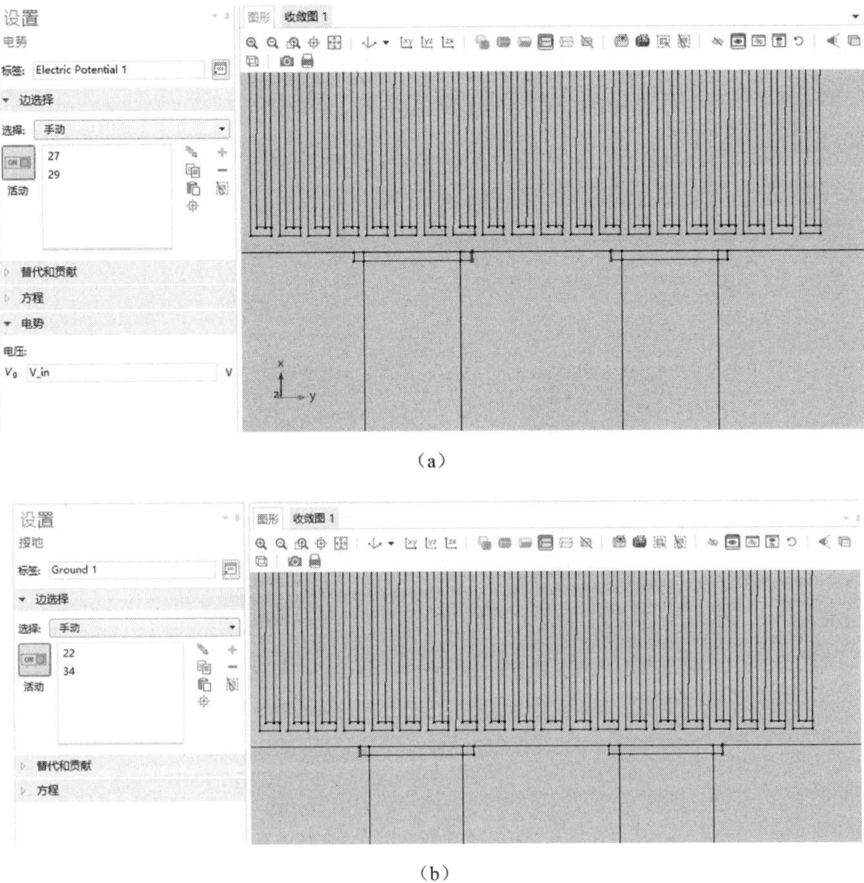

图 4.12　给电阻施加电压

材料	选择
Au - Gold (mat8)	边界 5, 7, 9, 58, 61
GaAs - Gallium Arsenide...	域 1
GaAs - Gallium Arsenide...	边界 38–57, 60
Au/Ge/Ni/Au (mat11)	边界 17–36, 59
TaN (mat12)	边界 11–16
Ge - Germanium (mat15)	没有域
Ni - Nickel (mat17)	没有域

图 4.13　添加材料

4. 网格的划分

网格的划分方式主要由两种：扫掠式网格划分和多面体式网格划分。在对规则区域进行划分时，多采用扫掠式网格划分，本书采用多面体式网格划分对仿真模型进行网格划分。网格划分精度会直接影响计算结果的精度。图 4.14 是采用不同网格密度对模型进行划分的对比图。图 4.14（a）采用普通密度网格划分，图 4.14（b）采用极精密网格划分。

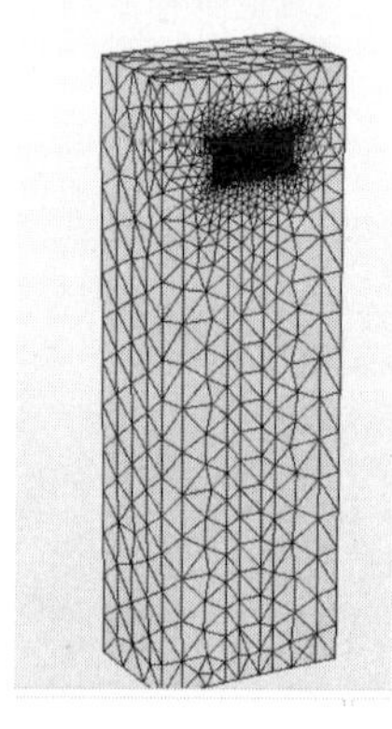

（a）普通密度网格划分

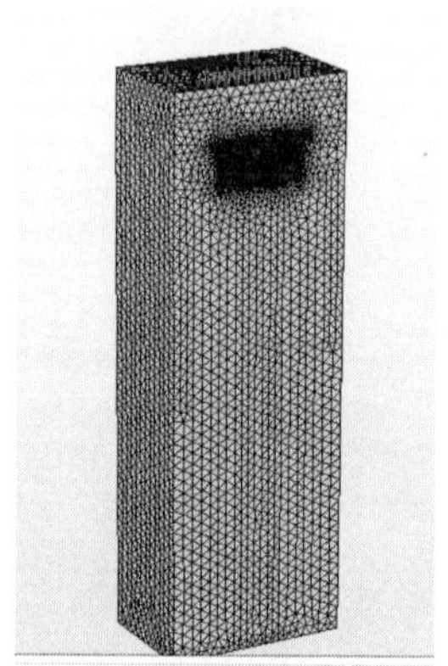

（b）极精密网格划分

图 4.14　网格划分对比图

5. 施加载荷和约束条件

在本书的温度场仿真实验中，主要的边界条件分为两种：一种是对流换热条件，即规定物体与周围环境的换热效率；另一种是对电阻施加功率，使其产生热量。对流换热主要为空气自然对流，空气自然对流满足牛顿冷却公式：

$$q = h\left(t_w - t_f\right)$$

在自然对流条件下，对流换热系数一般取 1～10。在本书的仿真中，取 h 为 10W/（m^2 • K）。

6. 热平衡状态下的温度场

由于系统的发热功率一定，其散热功率随着温度的升高逐渐增大，当发热功率和散热功率相同时，系统处于热平衡状态。因此设置求解域为稳态分析，对达到热平衡状态的温度场展开研究。

7. 后处理

后处理即对计算后的结果进行处理。计算后得到输入电压在 1V 和 1.5V 下的温度分布，仿真图如图 4.15 所示。

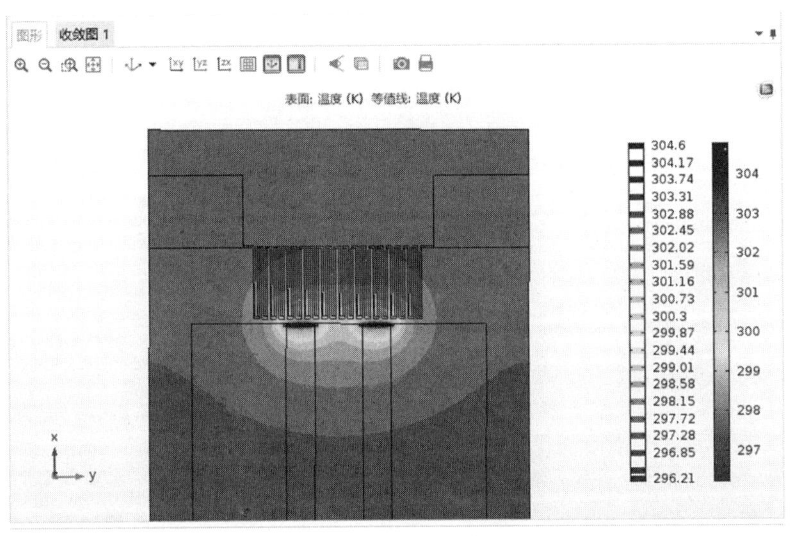

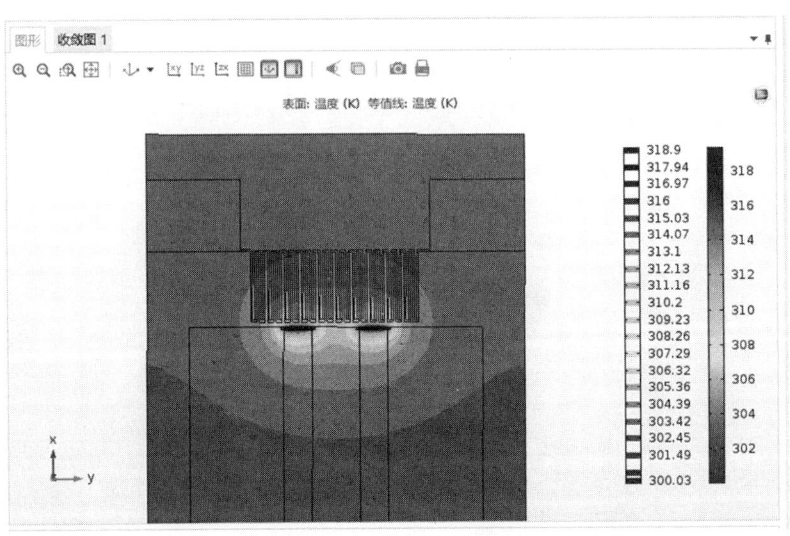

图 4.15　微波功率传感器温度分布仿真图

由图4.15可以看出，电阻温度与热电堆冷热结温差均随电压的升高而增大。

由于 GaAs 的导热系数比空气自然对流的导热系数大，所以去除终端电阻与热电堆热结下方的基体可以有效减小热损失。

运用软件进行仿真：在上述模型的基础上，去除一部分衬底，去除下方基体后的模型如图 4.16 所示。

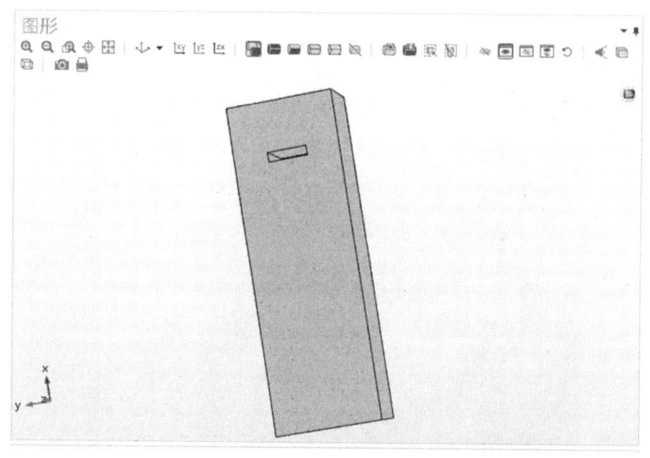

图 4.16　去除衬底底部基体

通过观察传感器的等温等高线分布可以发现开槽位置对其传热的影响。槽的左端位置不变，改变槽的宽度尺寸，如图 4.17（a）、（b）所示分别为 70μm 和 100μm 宽度的槽所生成的等温等高线图。

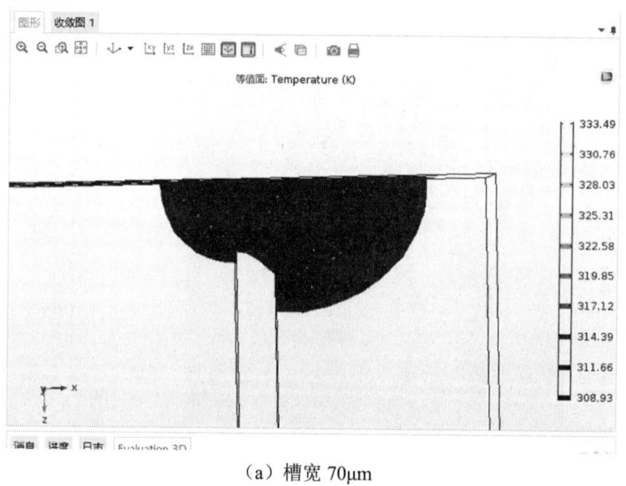

（a）槽宽 70μm

图 4.17　等温等高线图

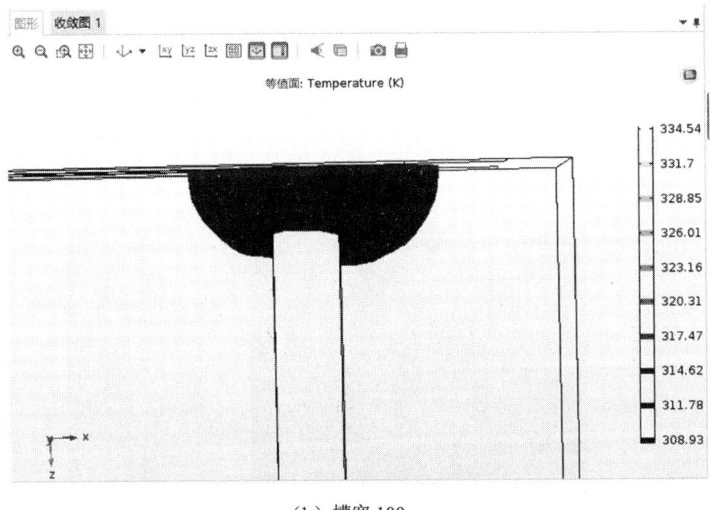

（b）槽宽 100μm

图 4.17　等温等高线图（续）

可以看出，开槽部位有效减少了热损失，且为了增大冷热结的温差，开槽部位宜接近热端、远离冷端。

图 4.18 为去除基体的位置图。

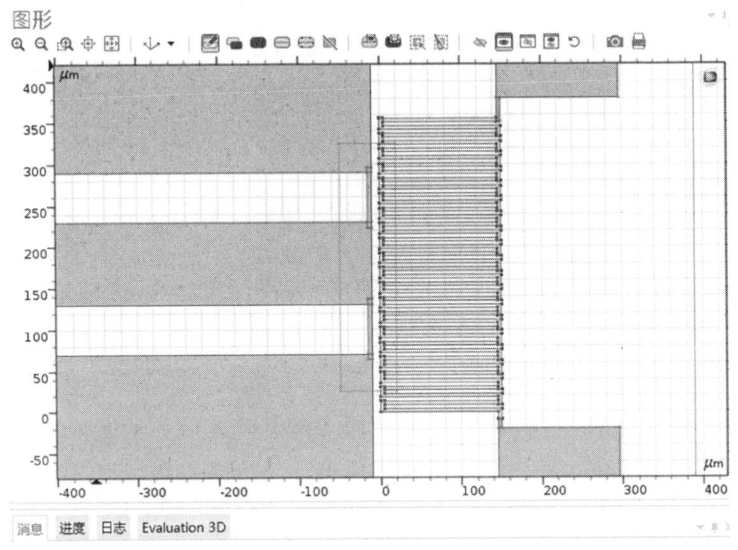

图 4.18　去除基体的位置图

去除基体后，计算得到输入电压在 1V 和 1.5V 时的温度分布，如图 4.19 所示。

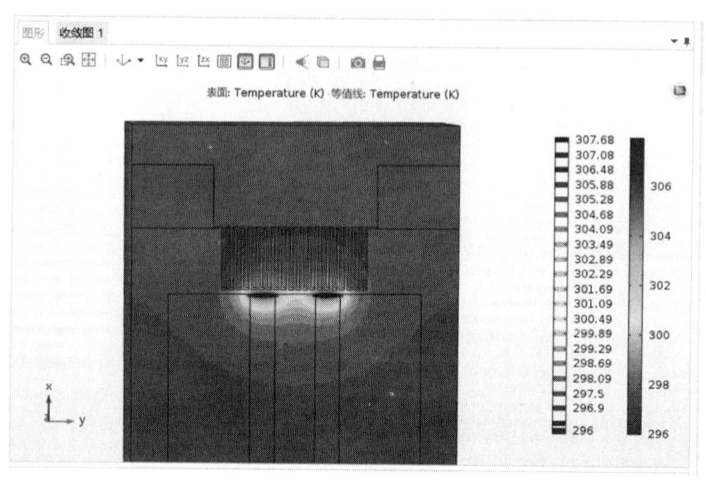

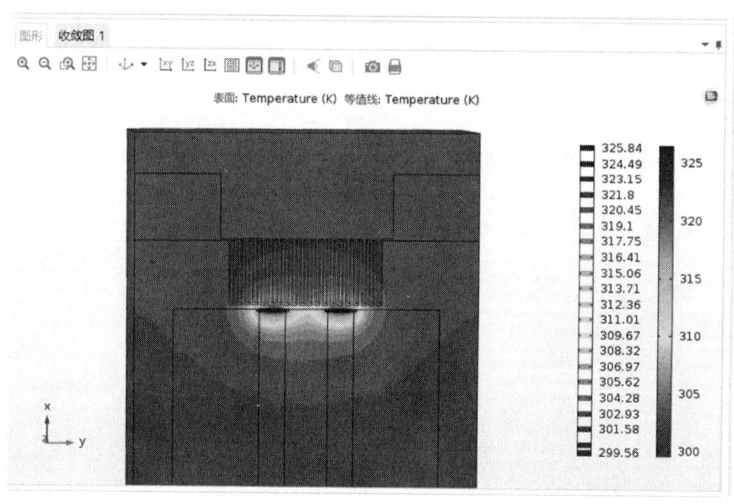

图 4.19　去除基体后微波功率传感器的温度分布图

与未去除基体的传感器相比，热电堆冷热结温差明显增大。这说明，热损失减少，最后的输出电压将更接近输入的微波功率，提高了微波功率传感器测量的准确性。

4.6 本章小结

通过仿真模拟得到以下结论：

（1）在输入电压相同的情况下，去除终端电阻与热电堆热端下方的部分基体，可以有效减少热损失，增大冷热结温差。在输入电压为 1.5V 的情况下，未去除基体时温差约为 8K，去除基体后温差约为 20K。

（2）由于去除基体部分传热系数减小，使得热损失减少，所以所去除基体的位置应靠近终端电阻与热电堆的热端、远离冷端。

本章参考文献

[1] Xavier, Rauly P, et al. A Principle of a Hybrid Microwave Power Sensorbased on Thermometric Measurements[J]. Microelectronics Intern, 1997.

[2] Alfons D, Klaus F N, et al. Broadband Thermoelectric Microwave Power Sensors using GaAs Foundry Process[J]. IEEE MTT-S, 2002.

[3] 郭源生. 落后先进国家 10～15 年，该重新审视我国传感器产业发展[N]. 中国电子报社，2019-01-16.

[4] Dehe A, Neuderth K, et al．Broadband Thermoelectric Microwave Power Sensors Using GaAs Foundry Process[J]. IEEE 2002 MTT-S Digest, 2002: 1829-1832.

[5] 钟景华. 利用肖特基检波器实现大动态微波功率测量[J]. 计量学报，1998，19（4）：317-319.

[6] Milanovic V, Gaitan M, et al. CMOS Foundry Implementation of Schottky Diodes for RF Detection[J]. IEEE Transactions on Electron Devices, 1996, 43(2): 2210-2213.

[7] Jeon W, Firestone T M, et al．Design and Fabrication of Schottky Diode On-Chip RF Power Detector[J]. Solid-State Electronics, 2004, 48(10-11): 2089-2093.

[8] 王德波，廖小平. 对称式微波功率传感器的设计[J]. 光学精密工程，2011，19（1）：110-117.

[9] 田涛，廖小平. 一种新型 MEMS 微波功率传感器的设计与模拟[N]. 传感技术学报，2008-4，21（4）：611-614.

[10] 陈宁娟，廖小平. GaAs MEMS 微波功率传感器的设计与模拟[J]. 电子器件，2006，29（1）：79-81.

[11] 廖小平，范小燕. 间接加热式 MEMS 微波功率传感器的研究[D]. 江苏：东南大学，2005.

[12] 徐尚龙. 传热学[M]. 北京：科学出版社，2016.

[13] Wang D B, Liao X P, et al. A Thermoelectric Power Sensor and Its Package Based on MEMS Technology[J]. Journal of Microelectromechani - cal Systemsvol, 2012-2, 21(1).

[14] Wang D B, Liao X P. A terminating-type MEMS microwave power sensor and its amplification system[J]. J. Micromech. Microeng, 2010-7, 20(7): 075021-8.

[15] RandjelovicD, Petropoulos A, et al. Multipurpose MEMS thermal sensor based on thermopiles[J]. Sensors and Actuators A, 2008-2, 141(2): 404-413.

[16] 范小燕，廖小平，黄庆安. MEMS 微波功率传感器的研究与进展[N]. 微波学报，2005-4，21（2）：63-70.

[17] Wang D B, Gao B, et al. The research of indirectly-heated type microwave power sensors based on GaAs MMIC technology[J]. Microsyst Technol, 2015-6

[18] 向阳，张万里. TaN 微波功率薄膜电阻器的制备及性能研究[D]. 四川：电子科技大学，2009.

[19] 李炜，石艳玲，等. 低阻硅基厚膜聚酰亚胺上共面波导的损耗特性[J]. 固体电子学与进展，2003-8，23（3）.

[20] 徐超. 激光辅助 Ga 滴迁移行为的研究[D]. 江苏：苏州大学，2017.

[21] 余琪. 离子束溅射制备 Ta_2O_3/SiO_2 薄膜的应力特性研究[D]. 四川：中国科学院大学（中国科学院光电技术研究所），2017.

[22] 韩丽丽. 金属基板的 AlGaInP 红光 LED 的制备及性能研究[D]. 四川：中国科学院大学（中国科学院物理研究所），2018.

[23] 崔铮. 微纳米加工技术及其应用[M]. 北京：高等教育出版社，2013.

[24] 中仿科技公司. COMSOL Multiphysics 有限元法多物理场建模与分析[M]. 北京：人民交通出版社，2007.

第 5 章

移动互联网芯片先进封装可靠性检测研究

集成电路封装是指保护电路芯片免受周围环境的影响（包括物理、化学的影响），利用外壳容器对具有一定功能的集成电路芯片进行封装。封装的主要作用有：散热；信号和电源输入端、输出端同外界的过渡；保护内部电子器件不受外界环境的影响等。集成电路封装使芯片及其对应的外壳形成了一个整体，通过性能测试、筛选及各种环境试验、气候试验、机械试验，来确保器件的质量，使其具有稳定、正常的功能。

微电子封装技术的发展经历了四个阶段：插孔元件时代、表面贴装时代、面积阵列封装时代、堆叠式封装时代[1,2]。

20 世纪 80 年代以前为插孔元件时代，此时封装技术以针脚插装为主，特点为插孔直接安装在印制电路板上，以系统级封装、双列直插式封装、插针网格阵列封装为主要形式，不足之处是密度、频率难以提高，无法满足高效自动化生产的要求[3]。

表面贴装时代是 20 世纪 80 年代中期左右，主要特点为用引线代替针脚，改变了传统针脚插装形式，主要形式有塑料四边引线扁平封装（PQFP）、小外型封装、塑料有引线片式载体和无引线陶瓷芯片载体，主要优点是封装密度较高，电气性能较好，便于自动化生产；缺点是在封装密度和尺寸等方面无法满足微电子发展的需求[4]。

面积阵列封装时代是 20 世纪 90 年代，主要封装形式有球栅阵列封装（BGA）、芯片尺寸封装等，球栅阵列封装技术让焊球替代封装中的引脚，系统和芯片的间距显著减小。芯片封装技术平衡了很久以来封装尺寸大但芯片尺寸小的矛盾，进而加快了集成电路封装技术革命的进程。

堆叠式封装时代出现在21世纪，此时，封装观念显著改变，封装元件的概念逐渐演变成封装系统的概念。现代社会，全球半导体封装产业大部分处在面积阵列封装时代的成熟期，使用最为广泛的是PQFP和BGA等主要封装技术，部分产品已开始向堆叠式封装发展。

从技术层面看，封装可分为传统封装和先进封装，传统封装主要是指利用焊球或打线将芯片连接到基板上。在摩尔定律发展脚步迟缓的情况下，对芯片制造商而言，仅靠先进制程所带来的效能增进已无法满足未来的应用需求。特别是在人工智能（AI）和高效能运算（HPC）将成为半导体产业下一个杀手级应用的情况下，传统封装已经成为限制处理器计算能力提升的最大瓶颈与功耗来源。所以，以小尺寸、轻薄化、高引脚密度、高速度为特征的先进封装将会大幅缩减芯片尺寸，对更多异质芯片进行整合，其成长空间大，将会成为未来技术发展的主要方向。

现在，先进封装技术已向三维（Three-Dimensional，3D）系统设计发展[5]。当前3D封装技术主要有单片集成、引线键合和TSV技术等。单片集成技术能在相同的衬底上制作出多层器件，因此对工艺要求很高，较少应用。引线键合技术经济性好且较为直接，使用范围局限于较少层间互连、低频和低功率的集成电路[6-7]。相比之下，基于TSV技术的3D集成模式能有效实现密集而且短小的层间互连，大大缩短互连线的长度，显著提高系统集成度，提高系统性能，并且能够使芯片功耗降低，还实现了异构集成。因此，TSV技术是公认的最先进的3D封装技术之一，其可靠性问题备受关注[8]。我们知道，微电子封装的目的之一是保护芯片不受环境（如污染物、湿气或其他化学活性物质）的影响，若芯片暴露于这些条件下，就可能出现分层、脱落、腐蚀等问题；此外，因高温、压力或振动，封装的可靠性还会受到热机械应力的影响[9]。电子设备由大量的电子元件组成，如果电子设备内部和四周环境温度、湿度过高，就可能会导致电子设备的失效率显著增加，降低可靠性，缩短使用寿命。大量统计数据规律表明，电子器件达到额定工况时，温度每升高10℃，失效率就会增加1倍，而且电子设备中由温度过高所引起的失效占比达到55%[10-11]。所以，在三维集成电路中，TSV失效分析是一项要求很高且有重要意义的工作[12]。

传统TSV结构的中心垂直导体材料通常采用铜（Cu），绝缘层材料采用二氧化硅（SiO_2），但由于Cu、SiO_2和衬底材料硅（Si）之间的热膨胀系数（Coefficient of Thermal Expansion，CTE）存在较大差异[13]，传统的TSV结构会出现焊球膨胀或介质层碎裂等一系列可靠性问题。

目前，先进封装的热机械应力、材料选用、技术工艺等已经有学者研究过，但是关于其面临高温、高湿等恶劣环境的成果较少；与此同时，先进封装发展趋势迅猛，对其可靠性的要求也在不断提高，故对其可靠性的研究意义重大。

5.1　发展现状

5.1.1　国内现状

在现代微电子工业中，微电子封装技术朝着更小、更轻、更薄的方向发展，并且随着集成电路技术在通信、移动穿戴、航天高铁等领域的广泛应用，工作在高温、高湿、电磁辐射等恶劣环境下的电子器件及芯片的可靠性得到了越来越多的关注，因此对微电子封装可靠性的要求进一步提高，在未来的微电子工业领域中，集成电路（Integrated Circuit，IC）芯片封装的可靠性研究将占有举足轻重的地位[14]。而且，电子封装的可靠性评估中，需要利用更精确和更有效的方法来评估不同测量条件下的异质封装及其互连[15]。而先进封装具有更高的性价比，随着产值不断增加，它将会成为未来封装行业的主流发展方向。国内封装行业将会依据市场层次的合理分布，以智能手机核心芯片微缩尺寸的需求来带动先进封装技术的发展，并将其广泛应用于其他控制领域。随着国内企业微电子产品的转型升级，先进封装技术的应用范围也不断扩大，国内生态环境的改善要求刺激了先进封装技术的成熟。

随着 3D IC 芯片堆叠技术的不断发展，TSV 封装技术被认为是实现 3D 芯片堆叠的核心关键技术之一，然而 TSV 的真正应用仍面临很多技术挑战[16]。铜增长现象就是铜填充 TSV（Cu-TSV）中存在的一个十分重要的可靠性问题，因为不同的封装材料具有不同的热膨胀系数，在工作过程中，Cu-TSV 受热会使布线重分布层变形甚至损坏，从而降低封装的可靠性。因此，合适的热处理工艺对 TSV 变形的应力无损检测和 TSV 的 3D 集成基础十分重要。He[8]等人采用两种热处理方式对 Cu-TSV 进行试验，一种是仅进行退火处理，另一种是进行退火、化学机械抛光（Chemical Mechanical Polishing，CMP）、二次退火，退火温度分别为 300℃和 400℃，各自保温时间为 40min，用白光干涉仪对试验前后的样本进行测量和对比，得到退火、CMP、二次退火的热处理方式能够减小铜增长影响的结论。聂磊[17]等人针对三种常见的 TSV 内部缺陷（即底部空洞、含有缝隙和填充缺失）分别建立有限元模型，进行热电耦合条件下的有限元分析，得到含缺陷和无缺陷的 TSV 温度分布云图，并且分析了 TSV 层上指定路径的温度分布变化规律。魏丽[18]等人为研究 TSV 的形状和填充材料对其结构热力学性能的影响，采用了有限元分析方法，对单个圆柱形和单个圆台形结构的 TSV 模型进行了仿真分析，分别改变通孔的深宽比或 Cu 填充部分半径和一端半径或上下端半径比来分析热应力变化。于思佳[19]等人针对三维堆叠封装结构建立了单个 TSV 有限元分析模型，并进行了电—热—结构耦合条件分析和不同通孔直径、通孔高度、介质隔离层 SiO_2 厚度对 TSV 通孔热应力分布的影响分析，由于 TSV 的填充材料与接触结构材料的 CTE 相差较大，因此在制作和使用过程中会产生较大的热应力，载流子的迁移率发生明显变化，同时也会导致通孔表面出现裂纹、分层等现象，进而影响电子元件的性能及可靠性。陈志铭[20]等人分别将低阻硅 TSV 和铜 TSV 放置在 350℃的工作温度下，比较焊球最大高度和最大等效应力之间的不同，并分别对两种 TSV 结构的间距、高度、直径进行了变参分析，比较不同参数下两种 TSV 结构的热力学特性，结果表明，低阻硅 TSV 具有更好的热力学特性。Guo[21]等人研究了利用焊球来实现芯片和衬底的电连接的倒装芯片的封装技术，通过实验探究孔隙形成的机理及真空对孔隙形成的影响。An[22]等人为了提高具有高性能和高密度的微电子封装的热性能，研究了纳米颗粒对增强环氧树脂（Epoxy Molding Compound，EMC）吸水率、热系数和热稳定性的影响，结果表明纳米颗粒可以改善 EMC 的力学性能和热性能。Su[23]等人通过实验和模拟两种方法研究了基于芯片优先工艺的 320mm×320mm 面板级扇出式封装翘曲，介绍了一种简单而有效的基于壳单元的有限元分析方法。

5.1.2 国外现状

2017 年是半导体产业发展史无前例的一年，其市场成长率高达 21.6%，促使产业规模膨胀近 4100 亿美元，在这种动态背景下，先进封装产业发挥着关键作用。预计 2017—2023 年，半导体封装市场营收额将以 5.2%的年复合成长率增长，其中先进封装市场复合成长率将占 7%，而传统封装市场复合成长率仅为 3.3%。在不同的先进封装技术中，扇出式封装（Fan-out）和 TSV 将分别以 15%和 29%的速度增长。

随着电子设备越来越智能化和多样化，特别是像智能手机和笔记本电脑等便携设备的出现和优化，需要在保证封装尺寸不改变的同时，将更多的芯片堆叠在一起[24-25]。而 TSV 是三维集成电路的关键技术，它能堆叠更多的芯片，使产品变得更微小和更复杂。世界顶尖的微电子封装公司、芯片制造商和封装技术厂源源不断地投入人力、物力和资金，不断增加对基于 TSV 技术的先进封装技术的科研投入，包括著名的英特尔（Intel）、东芝（Toshiba）和三星（Samsung）公司等[26]。

采取可靠性试验的方式，对工作条件下的芯片进行研究，能得到较为直观形象、准确的信息和结论。当今社会，为了适应日益复杂的竞争环境，众多企业必须在最短的时间里研制并产出高可靠性的产品，来满足用户的需求。而传统的可靠性试验方式已经难以找出设计和生产中的缺陷，也不足以准确评估产品寿命预计值，故人们逐渐注意到加速可靠性试验。加速可靠性试验采用的试验环境比产品在正常使用中所经受的环境更为严酷，能够在有限的试验时间内得到比在正常工作条件下更多样的信息。所以，加速可靠性试验已经成为可靠性试验领域的主要研究方向[27]。

Che[28]等人认为对于 TSV 技术和无硅互连技术，热机械可靠性依然是热循环测试条件及工艺条件下的一个重要问题，并通过有限元分析对这两种封装技术焊点的可靠性进行了研究和比较。Austin Lancaster[29]等人介绍了微电子封装及其机械稳定性、环境保护、电气连接，以及满足这些基本功能的重要方法和工艺技术；详细描述了三维包装的由来，以及三维封装技术的优势和需要克服的设计挑战。Laura Frisk[30]等人发现使用薄芯片时，在热循环条件下倒装芯片接头的可靠性增加，但湿度所带来的影响还没有得到充分的探讨，此外，黏合压力也是潮湿条件下影响可靠性的关键因素。

由于复杂结构能够引起断裂应力敏感性，故芯片互连可靠性是一个重要问题。所以，优化设计对于提高可靠性至关重要，特别是对于应用高密度互连技术制造的精密 TSV。Che[28]等人利用有限元分析建立了三维 TSV 芯片封装模型，并研究了在温度循环试验下封装的热机械行为。Wissam[31]等人研究了无焊料焊点在最高温度为 175℃时的微观结构演变和失效机理，发现焊料的老化试验在 175℃时可以加速，且界面金属间化合物的生长速率与低温时观察到的一致。

综上所述，针对 TSV 热应力可靠性问题，大部分研究都基于解析方法或有限元分析方法，探究在热-结构耦合条件下，芯片的不同介质材料、填充材料、通孔尺寸或通孔结构对 TSV 结构热应力和变形的影响。截至目前，针对 TSV 的研究主要集中在热力学建模、光学检测和寄生参数分析等[32-33]领域，并没有很好地探究出在实际工作条件下 TSV 表面形貌变化和内部缺陷。而且，目前主要是对 TSV 制造工艺的发展和改进，而对 TSV 相关可靠性的深入研究还很有限。

5.2 试验样本及参照标准介绍

5.2.1 TSV 技术类型

三维集成芯片是当前先进封装的主流技术，能够缩短路径和具有更薄的封装尺寸是 TSV 互连的最大优点。实现三维集成，要用到几个关键技术，包括 TSV 技术、晶圆减薄处理技术和晶圆/芯片键合技术[34]。

在三维集成中，TSV 技术有三种类型：一是通孔技术，即在进行互补金属氧化物半导体（CMOS）工艺过程之前，于硅片上完成通孔的制造和导电材料的填充；二是中通孔技术，即在 CMOS 制程后且后端制程前制造通孔；三是后通孔技术，即在 CMOS 工艺后且减薄处理前制作通孔。

5.2.2 TSV 芯片结构

可靠性试验所用 TSV 芯片如图 5.1 和图 5.2 所示。首先需要用镊子在晶圆中取出 77 个芯片，放到培养皿内待用。然后在显微镜下低倍观察各芯片表面有无镊子划痕或其他损伤。取用表面无划痕且无其他损伤的芯片作为试验样本（共 71 个）。

如图 5.3 所示为芯片单一位置的结构示意图，其中焊球直径（100±5）μm，通孔在聚酰亚胺（PI）层的深度均为（14±2）μm，TSV 槽直径 10μm、深度 10μm，TSV 槽节距 30010μm，TSV 槽长度分别为 50μm、100μm、150μm、200μm、250μm、300μm。

如图 5.4 所示为 TSV 结构示意图。在硅板上加工通孔，向孔内填充电镀铜，由孔向外依次为电镀铜柱、绝缘层及阻挡层。电镀铜柱的作用是信号导通，绝

缘层的材料通常为 SiO_2，作用是隔离绝缘硅板和填充的导电材料，阻挡层的材料通常为化学稳定性较高的金属材料，此处用钛（Ti），防止铜原子在 TSV 制造工艺中穿透 SiO_2 绝缘层，导致 IC 器件性能下降甚至失效。

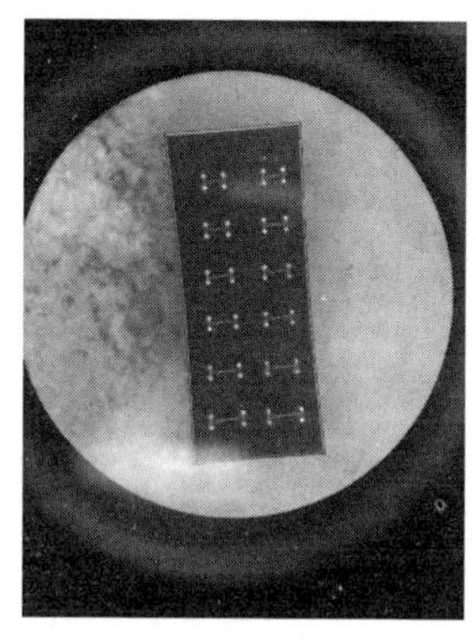

图 5.1　晶圆上的多个 TSV 芯片　　　　图 5.2　显微镜下的单个 TSV 芯片

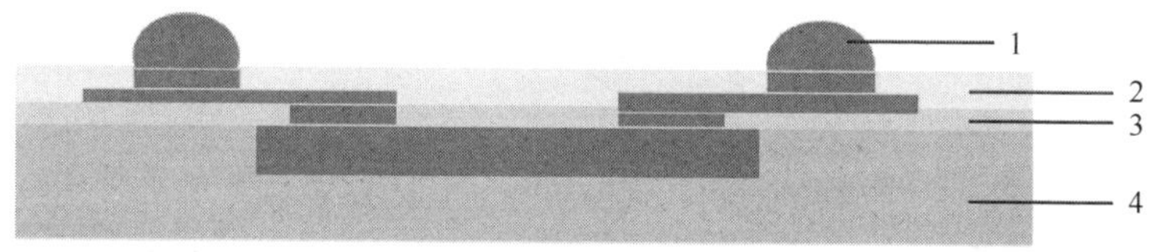

（a）芯片单一位置内部结构示意图

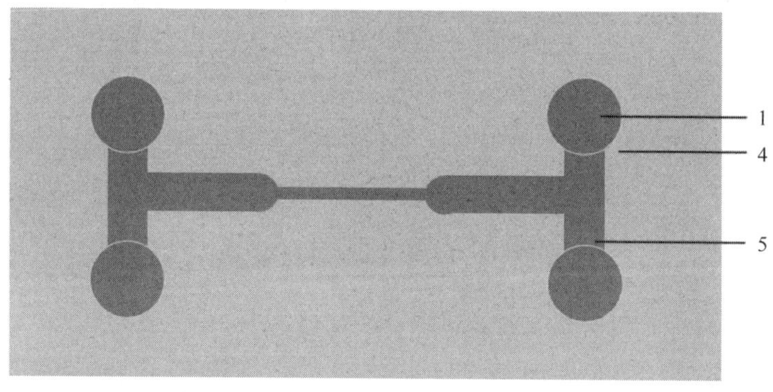

（b）芯片单一位置表面结构图

注：1—焊球；2—上 PI 层；3—下 PI 层；4—硅板；5—引线

图 5.3　芯片单一位置结构示意图

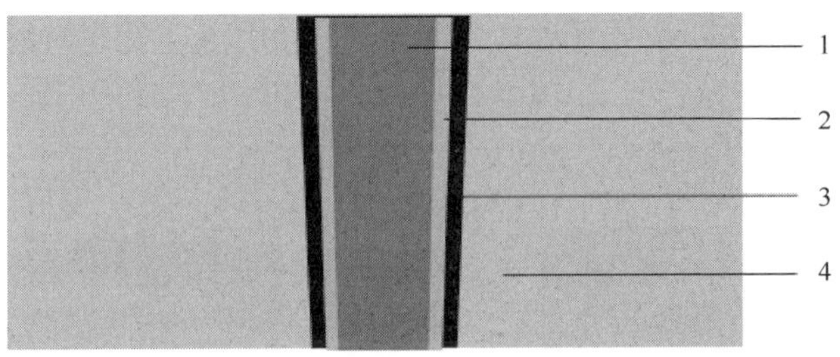

注：1—Cu；2—SiO_2绝缘层；3—Ti 阻挡层；4—Si

图 5.4　TSV 结构示意图

5.2.3　TSV 芯片制造工艺

TSV 芯片的制造工艺如图 5.5 所示[35]，主要步骤分别为：

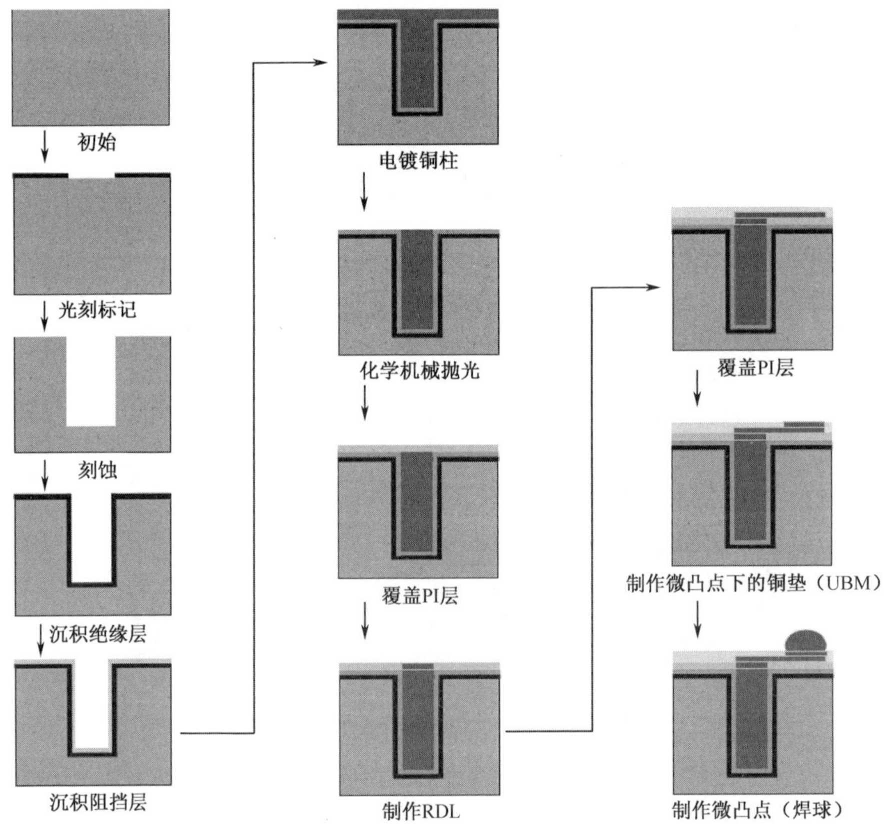

图 5.5　TSV 芯片的制造工艺

（1）用光刻标记刻蚀区域，在初始芯片的一面刻蚀盲孔。

（2）用化学沉积方法沉积绝缘层，用物理气相沉积方法沉积阻挡层、种子层[36]。

（3）在盲孔中填充电镀铜。

（4）用 CMP 方法去除表面多余的铜。

（5）覆盖聚酰亚胺（PI）层，并通孔，用以填充铜。

（6）制作重布线层（RDL），再次覆盖 PI 层，并通孔。

（7）通孔中填充铜，制作微凸点下的铜垫（UBM）。

（8）制作微凸点（焊球）。

5.3　可靠性试验概述

5.3.1　可靠性定义

如图 5.6 所示是 IC 器件失效率与使用时间的关系。初期失效区域时间较短，器件失效大都由设计、制造原因引起，寿命为 3～15 个月，通常为一年，可以人工对 IC 器件进行检测和筛选；可用时期区域时间居中，此时器件属于随机失效，寿命通常为 10 年；老化失效区域时间较长，此时失效的大部分原因是材料的疲劳破坏及老化。

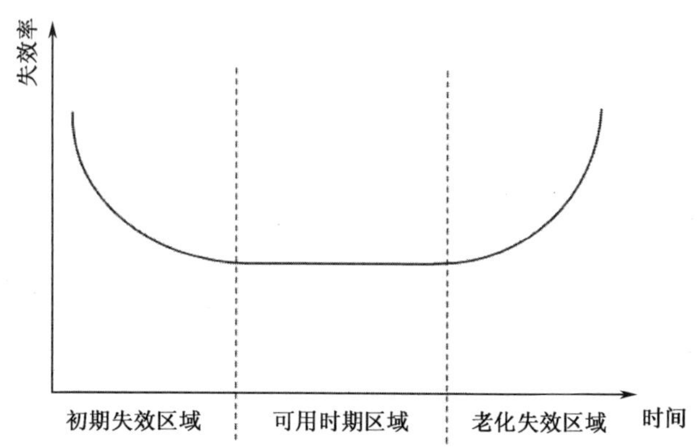

图 5.6　浴盆曲线

5.3.2 目的

可靠性试验需要在已知的实验条件下（如温度、湿度），通过模拟和加速半导体元器件在整个工作过程中可能遇到的各种环境条件。

可靠性试验的目的是使初开发出的产品达到预定的可靠性指标，同时对产品的制作过程起到监督的作用；在试验过程中，可以根据试验环境制定出合理的工艺筛选条件；对批量产品，可以对其进行可靠性鉴定或验收；还可以通过对比实验前后半导体元器件的主要结构和尺寸的变化，研究失效机理。

5.3.3 分类

对于不同的产品，为了实现 5.3.2 节所述的不同目的，需要选择不同的可靠性试验方法：按照试验性质划分，可分为破坏性试验和非破坏性试验；按照试验目的划分，可分为鉴定试验、筛选试验及验收试验。按照使用最广泛的分类方法，我们将可靠性试验划分为环境试验、筛选试验、鉴定试验、寿命试验和现场使用试验。

5.4 可靠性试验标准介绍

电子器件工程联合委员会（Joint Electron Device Engineering Council，JEDEC）后更名为固态技术协会。JEDEC 是一个全球性组织，不隶属于任何一个国家或政府实体，主要为新兴的半导体产业制定标准，包括术语、产品特征描述与操作、测试方法及产品质量与可靠性等众多方面。

GJB 是我国军用标准的代号，全称为国家军用标准，简称为国军标。

进行预处理、温度循环、压力蒸煮、无偏压 HAST 这 4 种可靠性试验，需要依据 JEDEC 标准及 GJB 来确定试验目的、仪器、所需样本个数、流程、条件及注意事项等。

5.4.1 JESD22-A113E

《可靠性测试前非密封表面贴装器件的预处理测试》标准（Preconditioning

of Nonhermetic Surface Mount Devices Prior to Reliability Testing，JESD22-A113E）为非密封固态表面贴装器件建立了行业标准预处理流程，是预处理试验的主要参照标准，其中，表面贴装器件（Surface Mounted Devices，SMD）分为片式晶体管和集成电路[37]。进行特定的可靠性测试之前，应先进行适当的预处理。

该标准介绍了预处理试验所需试验仪器、仪器要达到的条件、测试程序及其他注意事项等。

5.4.2 JESD22–A104E

《温度循环》标准（Temperature Cycling，JESD22-A104E）的目的是衡量部件和焊料互连能够承受高低温交替极限所引起的机械应力的能力，适用于单腔、双腔及三腔温度循环。在单腔温度循环中，样本被放置在固定室内，通过引入热空气或冷空气实现加热或冷却；在双腔温度循环中，样本被放置在移动平台上，该平台在能够保持固定温度的固定腔室之间循环移动；在三腔温度循环中，样本在 3 个固定腔室之间移动[38]。

该标准介绍了温度循环试验涉及的术语和定义、试验仪器、仪器要达到的条件、测试程序及其他注意事项等。

5.4.3 JESD22–A118E

《加速防潮性——无偏 HAST 试验》标准（Accelerated Moisture Resistance-Unbiased HAST，JESD22-A118E）的目的是评估潮湿环境中非密封封装固态器件的可靠性。《加速防潮性——无偏 HAST 试验》是一种高加速可靠性试验，采用非冷凝条件下的温/湿度，加速使湿气穿过外部保护材料（密封剂或密封件），或沿着外部保护材料和金属导体之间的界面发生渗透。

试验无偏压，以确保发现可能被偏压所掩盖的故障机制（如电偶腐蚀）。该试验用于识别封装内部的故障机制，具有破坏性[39]。

该标准介绍了无偏压 HAST 试验所需的试验设备、试验材料、测试条件、测试程序、故障标准及其他注意事项等。

5.4.4 JESD22-A102E

《无偏高压蒸煮》标准（Accelerated Moisture Resistance-Unbiased Autoclave，JESD22-A102E）用于评估非密封性封装 IC 器件在湿度环境下的可靠性。温度、湿度条件通过外部保护材料（塑封料或封口）或沿外部保护材料与金属传导材料之间的界面进行渗透[40]。

该标准介绍了无偏高压蒸煮试验所需的试验仪器、试验材料、试验条件、测试程序及其他注意事项等。

5.4.5 IPC/JEDECJ-STD-020.1

《非密封型固态表面贴装组件的湿度/回流焊敏感性分类》标准（Moisture/Reflow Sensitivity Classification for Nonhermetic Solid State Surface Mount Devices，IPC/JEDECJ-STD-020.1）的目的是对由湿气引发应力敏感的非密封固态 SMD 进行分类，以便对不同的元器件进行正确的封装、储存及处理，防止在回流焊和维修时损伤元器件。该标准可以确定合格 SMD 封装所属哪种分类或预处理等级。

当封装被置于回流高温条件下时，非密封型封装内的蒸汽压力会大幅增加，该压力会导致封装内部脱层，从而脱离晶粒，或继续扩展为内部裂缝、晶粒翘起、薄膜裂缝等，严重时封装的内部应力会造成封装膨胀，产生外部裂缝，一般情况下被称为“爆米花”现象[41]。

依照该标准，我们可以确定预处理试验的回流过程的试验条件，以及温度循环过程的循环条件。

5.4.6 GJB 548B—2005

GJB 548B—2005 是《微电子器件试验方法和程序》，为中华人民共和国国家军用标准。该标准规定了军用微电子器件的环境、机械、电气试验方法和试验程序，为保证微电子器件满足预定用途所要达到的质量和可靠性而必须采取的控制和限制措施[42]。

此外，该标准介绍了浸液、温度循环、热冲击等操作流程的参考依据、测试条件及注意事项等。

5.4.7　GJB 7400—2011

GJB 7400—2011 是《合格制造厂认证用半导体集成电路通用规范》，为中华人民共和国国家军用标准。该标准规定了半导体集成电路的通用要求，包括器件应满足的质量和可靠性保证要求，承制方列入合格制造厂目录应满足的要求。以过程基线的认证为依据，对设计、晶圆制备、封装等各工艺过程提出具体要求，强调工艺在线监控、统计过程控制等，以保证器件的质量和可靠性[43]。

该标准规定了质量一致性检验、试验样本个数的选取方法、可焊性及统计抽样与检验程序等。

5.5　可靠性试验方法

5.5.1　试验仪器

预处理试验、温度循环试验在如图 5.7（a）所示的温度循环试验箱中进行，可事先对所需要进行的温度循环条件进行编程。无偏压 HAST 试验、压力蒸煮试验在如图 5.7（b）所示的高速老化试验箱中进行。在进行试验之前，要仔细阅读使用说明及注意事项。

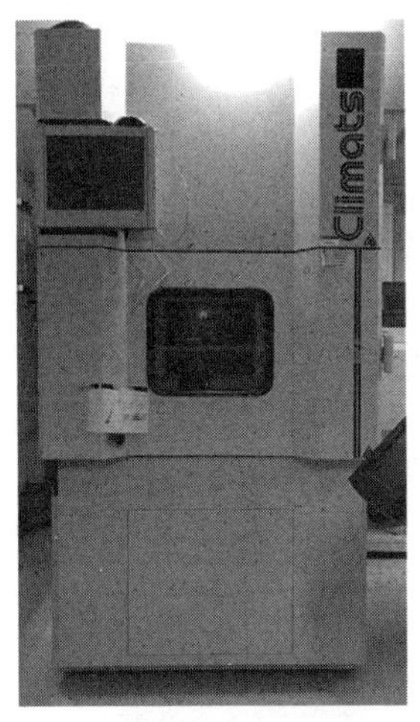

（a）温度循环试验箱

（b）高速老化试验箱

图 5.7　试验箱

5.5.2 试验内容及参数确定

从晶圆上共取下 77 个 TSV 芯片，检查损伤后留下 71 个作为试验样本。在 71 个样本中随机挑选 3 个作为初始样本，剩余 68 个全部参与预处理试验。预处理试验完成后，在 68 个样本中随机挑选 2 个作为预处理后样本。将剩余 66 个样本均分为 3 组，每组各有 22 个，分别进行温度循环试验、无偏压 HAST 试验和压力蒸煮试验。

1. 预处理试验

按 JESD22-A113E 整理预处理试验流程图，如图 5.8 所示，各步骤具体内容及参数选择依据下面具体分述，试验样本数为 68。

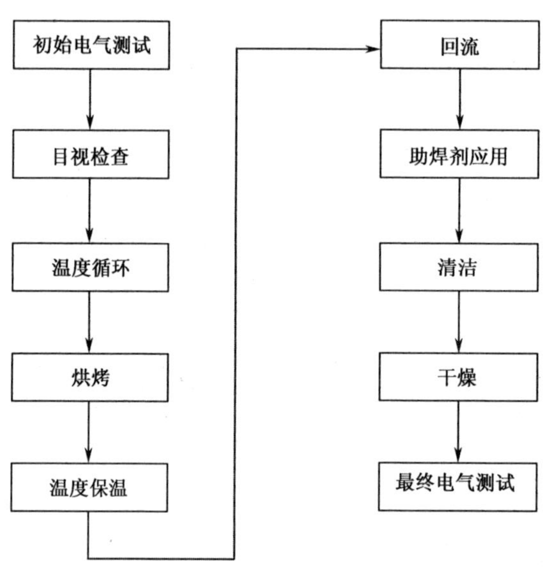

图 5.8 预处理试验流程图

1）初始电气测试

验证试验设备是否符合室温数据表规范，如不符合，要及时更换掉不符合要求的设备。

2）目视检查

在 40 倍光学显微镜下对试验样本进行外部目视检查，以确保不使用有外部裂缝或其他损坏的样本。若发现机械废品，其不能参与接下来的试验，要重新选取正确的样本。

3）温度循环

将试验样品放入培养皿中，放入设备，从-40℃～60℃执行 5 个温度循环，依照 JESD22-A104E，为了确保样本浸透，确定每个循环中最高温度和最低温度的保温时间各为 5min，高低温转换时间为 7min，如图 5.9 所示，展示了两个温度循环过程。此步骤用以模拟运输条件。

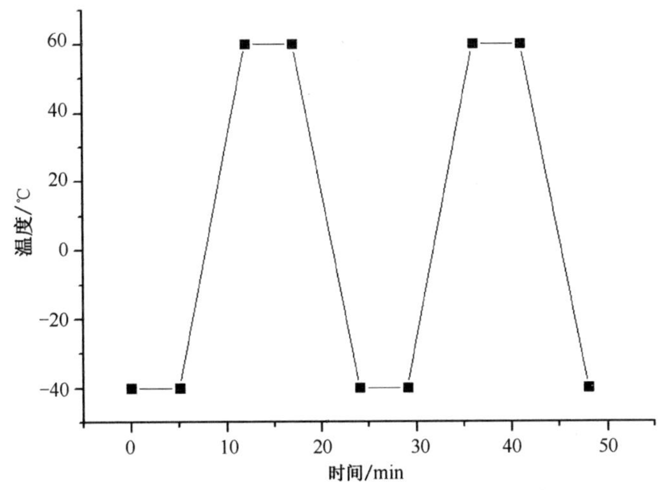

图 5.9　预处理温度循环阶段循环时间分配示意图

4）烘烤

温度循环完成后，需要将样本取出，在 125℃下烘烤至少 24h，目的是消除封装中的水分，使其干燥。

5）湿度保温

此过程在烘烤后 2h 内开始。将设备放在较浅的洁净干燥的培养皿中，使样本不会相互接触及重叠。参考 IPC/JEDECJ-STD-020.1 中的表 5-1“湿气敏感等级”确定样本的湿度敏感等级，以确定进行湿度保温的条件。选用等级 3，条件为温度 30℃、相对湿度 60%、保温时间 192h。

6）回流

从温度/湿度室中取出后不低于 15min 且不超过 4h 开始进行回流操作。依据 IPC/JEDECJ-STD-020.1 中的表 5-2“回流温度分布”，确定需要进行 3 次回流循环，最低温度 150℃、最高温度 200℃、峰值温度 260℃、液相温度 217℃，如图 5.10 所示。

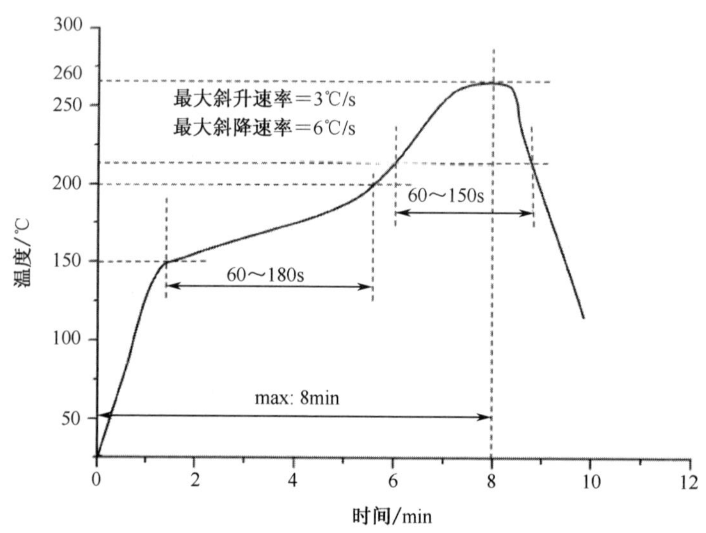

图 5.10　预处理回流阶段循环时间分配示意图

7）助焊剂应用

回流循环完成后，让样本在室温下冷却最少 15min。然后放入活化的水溶性助焊剂中，于室温环境下进行最少 10s 的浸渍（全身浸没）。

8）清洁

使用多次搅拌的去离子水冲洗，确保所有残渣完全去除。

9）干燥

设备在完成可靠性试验之后应在室温下进行干燥。

10）最终电气测试

按照室温数据表规范，进行电气和/或功能测试。

2. 温度循环试验

按 JESD22-A104E 整理温度循环试验流程图，如图 5.11 所示，各步骤的具体内容及参数选择依据下面具体分述，试验样本数为 22。

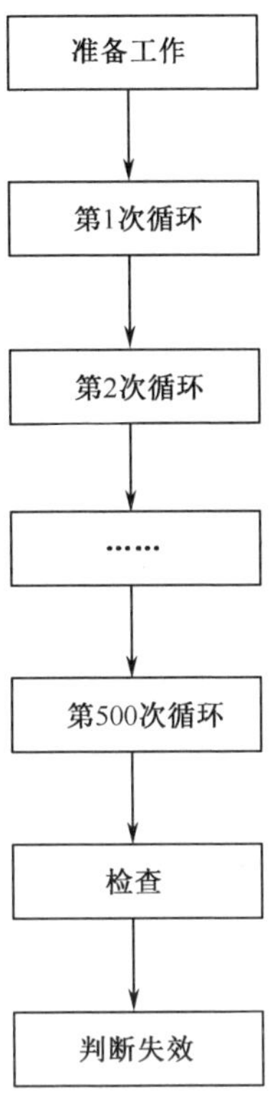

图 5.11　温度循环试验流程图

1）准备工作

检查设备是否能够正常工作，打开设备，打开进水管道，并设定好循环程序，循环条件参照下述项目 2。将样本放入温度循环试验箱中，从室温冷却到 -65℃，用时 5min。

2）进行 500 次循环

参考 JESD22-A104E 中表 1“温度循环试验条件”，确定浸泡条件；参考表 3“典型测试条件的速率及浸泡模式”，确定浸泡模式 2；参考表 2“浸泡模式条件”，确定在最高浸泡温度和最低浸泡温度下的最小浸泡时间为 5min；参考

GJB 548B 方法 1010.1 温度循环，确定转换时间小于等于 15min；参考表 1“温度循环试验条件”，确定保温时间大于等于 10min。故将试验温度从-65℃升至 150℃，再降温，依次循环，每个循环的完成时间为 1h，如图 5.12 所示。

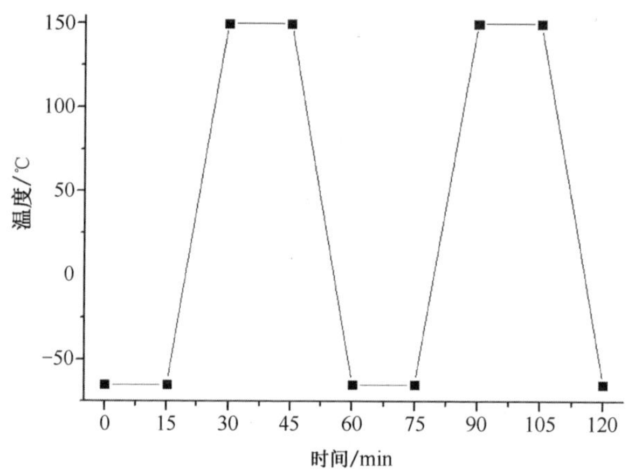

图 5.12　温度循环时间分配示意图

3）检查

在最后一次循环完成之后，放大 2 倍对样本进行检查，放大 10～20 倍对外壳、引线或封口进行目检[42]。

4）判断失效

试验结束后，任何规定的终点测量或检查不合格，以及外壳、引线或封口出现缺陷或损坏迹象，均为失效。但由于夹具或操作不当造成的划伤或损坏，则不判定失效[42]。

3. 无偏压 HAST 试验

按 JESD22-A118E 整理无偏压 HAST 试验流程图，如图 5.13 所示，各步骤的具体内容及参数选择依据下面具体分述，试验样本数为 22。

1）准备工作

将高速老化试验箱设置到所需温/湿度条件下，避免冷凝。当设备温度高于 30℃时，相对湿度必须大于等于 40%，以确保样本的含水量不会降低。

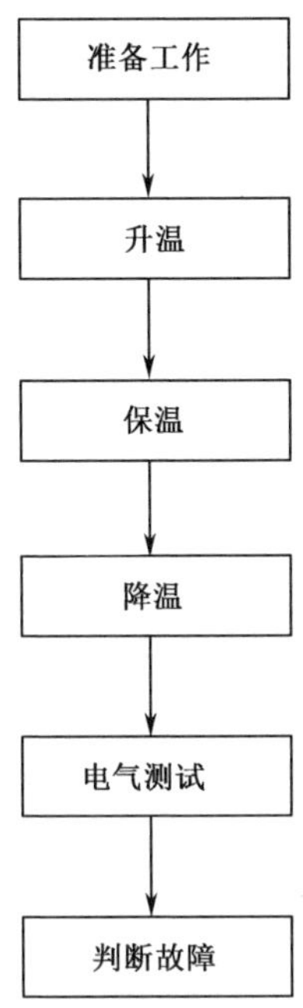

图 5.13　无偏压 HAST 试验流程图

2）升温

要求达到稳定温度和相对湿度条件的时间少于 3h，确保干球温度始终超过湿球温度，以避免冷凝。干球温度和湿球温度要保持不变，且相对湿度不能低于 50%。

3）保温

干球温度（130±2）℃，湿球温度 124.7℃，相对湿度 85%±5%，蒸汽压力 230kPa，保温时间 96h。

4）降温

湿球温度从 124.7℃下降到 104℃的时间应足够长，以避免因快速减压产生试验假象，但不得多于 3h；从 104℃下降到室温无时间限制，允许强制冷却，但应保证在腔室排气的情况下进行。降温过程要确保干球温度始终超过湿球温度，以避免冷凝。

5）电气测试

电气测试在降温结束后 48h 内进行。

6）判断故障

样本相关尺寸超过参数限制值，或者在数据表中规定的标称情况和最坏情况下无法证明功能，则被判定为故障。

4. 压力蒸煮试验

按 JESD22-A102E 整理压力蒸煮试验流程图，如图 5.14 所示，各步骤的具体内容及参数选择依据下面具体分述，试验样本数 22。

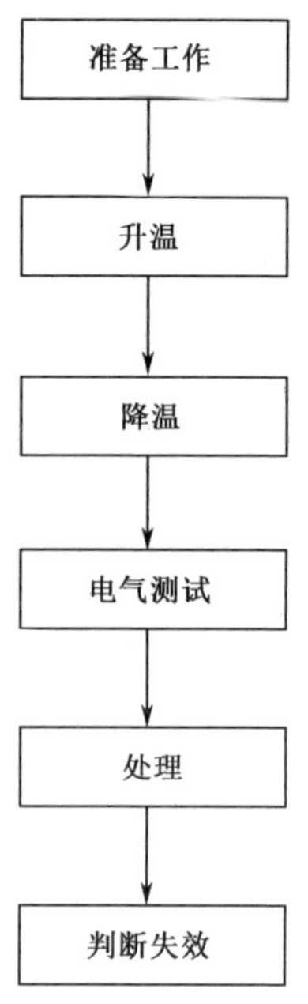

图 5.14　压力蒸煮试验流程图

1）准备工作

对所试验样本进行固定，以防移动。调节好试验箱的初始条件。

2）升温、降温

试验条件为：温度 121℃，相对湿度 100%，蒸汽压力 205kPa，保温时间 96h。在达到这个条件后启动试验并计时，在降温开始点停止计时。

3）电气测试

电气测试在降温结束即降到室温时的 2～48h 内进行。

4）判断失效

样本的相关尺寸超过参数限制值，或者在适用采购文件或数据表中规定的标称情况和最坏情况下无法证明功能，则被判定为故障。但因外部封装损伤造成的电失效不判定为失效。

5.6　表征方法

5.6.1　形状分析激光显微镜

如图 5.15 所示，所用设备为日本 KEYENCE 公司的 VK-X 系列形状分析激光显微镜。工作原理为以激光光源和白色光源两个光源为基础获取样品信息，通过短波长激光来检测高度和反射光量，以此构建高度图、颜色图、激光颜色图和 3D 图像等。其精度为 0.5nm，能够用来观察微小尺寸的芯片样本，同时获取到更精细的高清表面形貌轮廓二维图、三维图，且不会因人的错误操作而产生测量误差，因此得到的结果会更加精确。

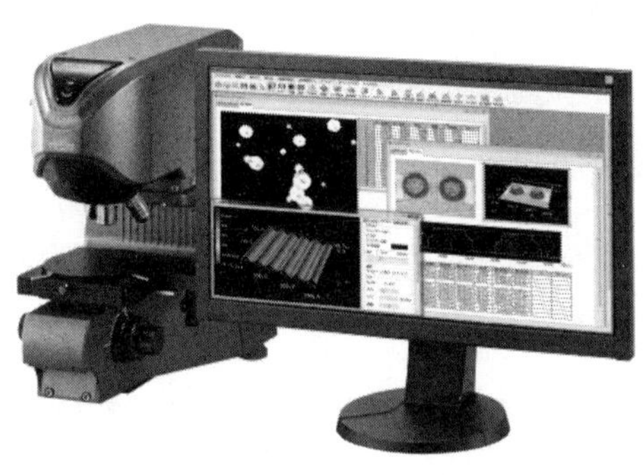

图 5.15　VK-X 系列形状分析激光显微镜

应用 VK View 软件时，首先进入观察模式，通过旋转粗螺旋调节旋钮调节载物台高度，观察到图像后，调节细螺旋调节旋钮，以观察到清晰的芯片图像，也可进行设备自动对焦以获得清晰图像。再转换为专家模式进行观察测量，依次点击自动对焦按钮、自动增益按钮和开始测量按钮，操作界面如图 5.16（a）所示，测量完成后，可得到样本的测量数据，并捕获到激光颜色图、三维形貌图及高度图等。

应用 VK 软件连接应用程序可对观测到的芯片的不同位置进行手动拼接，因视野有限，故每次只能观察芯片的一小部分，后期根据芯片在激光下的纹路或陶瓷基本的线条走向，得到完整的芯片图像。

应用 VK Series 多文件分析软件可对得到的芯片图像进行测量，利用辅助线，可以得到长度、宽度、高度、深度、直径等数据，还可以测量样本表面粗糙度，操作界面如图 5.16（b）所示。

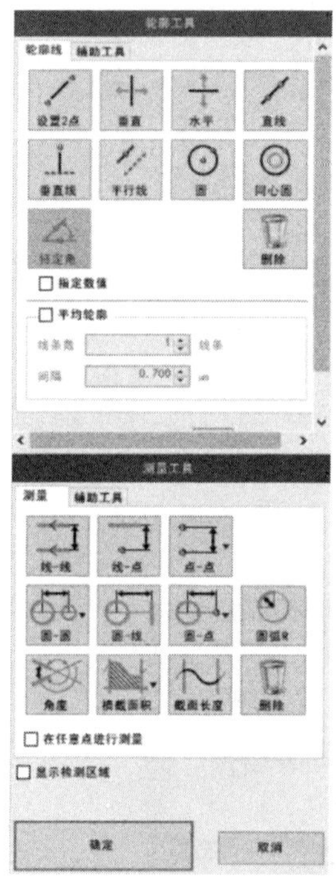

（a）专家模式操作界面

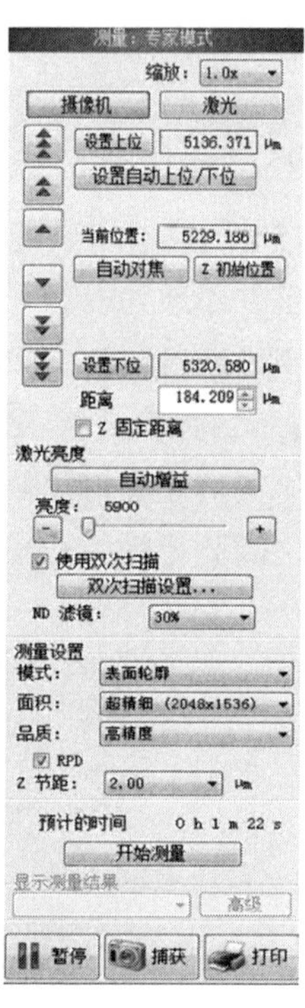

（b）多文件分析操作界面

图 5.16　操作界面

5.6.2　X 射线（X-Ray）检测仪分析

如图 5.17 所示设备为德国 YXLON 公司 Y. Cheeatah 型号的 X-Ray 检测仪。工作原理为利用 X 射线的穿透能力，让 X 射线穿透芯片的表面，从而可以看到芯片内部的电路及各层图像信息，不需要使用万用表逐次测试电路是否出现短路、断路或其他故障。

X 射线检测仪一般用于无损检测，如器件的内部损伤、断裂或电路短路等，检测多层芯片内部电路有无短路等。它的几何放大倍数高达 3000 倍，可检测孔径为 10μm 甚至更小的 TSV 结构；适合低密度/低对比度材料检测；焦点尺寸小于 1μm，检测最小尺寸为 0.3μm；可进行 2D/3D 形貌测试；最大图像传输速度为 30f/s，像素无压缩，实现实时检测。

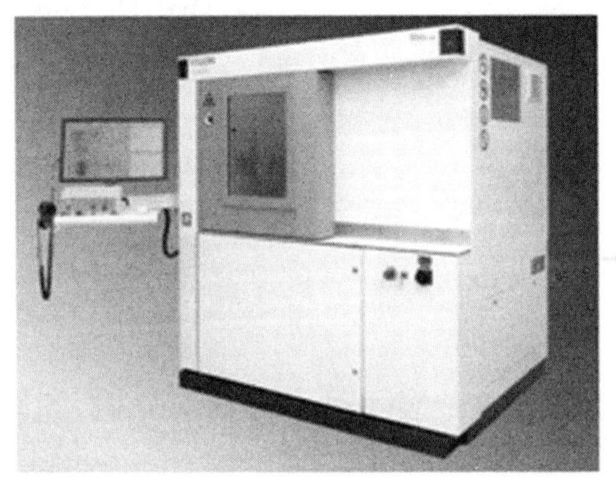

图 5.17　X 射线检测仪

5.6.3　超声波扫描电子显微镜（C-SAM）分析

如图 5.18 所示设备为美国 Sonoscan 公司 D9600 型号的超声波扫描电子显微镜。工作原理为探头向样本发射超声波，超声波通过声透镜聚焦在样品上，再在样品表面和内部发生反射，换能器接收反射声波并将其转化为电信号，再成像到计算机上。

C-SAM 能对 IC 封装因水汽或热能引发的损伤进行分析，如分层缺陷，焊球、晶圆的开裂及各种可能的孔洞等。C-SAM 这种表征方法具有的优势有可进行无损检测；实现分层扫描；实现缺陷的尺寸测量和数量统计；观测样品内部的 3D 图像；对人体没有伤害；可以检测各种缺陷，如分层、裂纹、杂质、孔洞等。

图 5.18　超声波扫描电子显微镜

5.6.4　场发射扫描电子显微镜（SEM）分析

如图 5.19 所示设备为德国 Zeiss 公司 Sigma HD 型号的场发射扫描电子显微镜。工作原理为扫描电子显微镜发射电子束，经电磁透镜聚焦后成为直径纳米级的电子束，最后一级透镜上部的扫描线圈使电子束在样品表面进行光栅状扫描。由于样品表面形貌、受激发区域的材料和晶体不同，电子束激发出的信号也不同，因此能够在计算机上呈现亮度不同的图像。

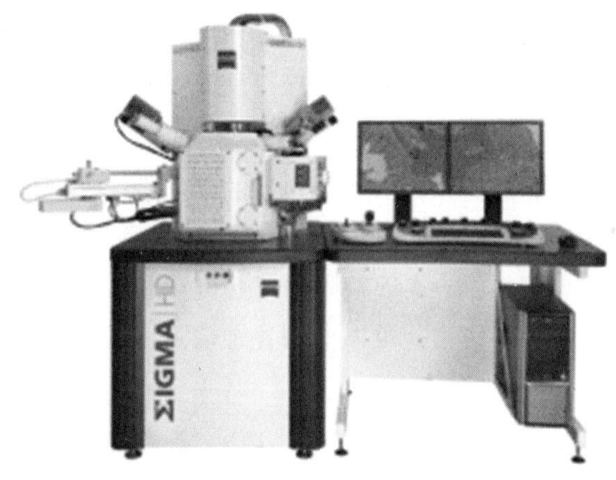

图 5.19　场发射扫描电子显微镜

该仪器电子束系统的分辨力为 1.0nm/15kV 和 0.9nm/1kV，电子束加速电压在 0.02～30kV 间，电子束流在 4～20Pa 间，放大倍数为 10～1000000 倍，主要用来进行样品的表面形貌分析、能谱分析及材料组织结构分析。

SEM 有放大倍率高、分辨力高、景深大、保真度好、试样制备简单等优点。其中保真度好是指试样一般情况下不需要做任何处理即可对其进行形貌观察，故不会因为制样的原因而产生测量假象，这一点对断口的失效分析十分重要。

5.6.5　X 射线能谱仪（EDS）分析

所用 X 射线能谱仪为与场发射扫描电子显微镜合并的设备，具有左侧显示屏显示 SEM 灰度等级图像，右侧显示屏检测能谱的功能。EDS 所用的探头可分为多探头能谱、平插式能谱和斜插式能谱。如图 5.20 所示，选用的是斜插式探头能谱。工作原理为各种元素具有特定的 X 射线特征波长，特征波长的长度取决于能级跃迁过程中释放出的特征能量，EDS 利用不同元素 X 射线光子特征能量不同来进行样品的成分分析。

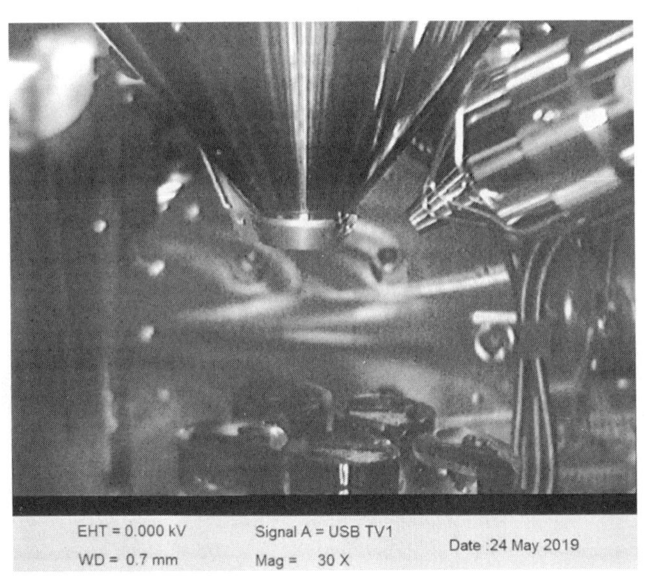

图 5.20　SEM 与斜插式 EDS 观察研磨后的芯片样本

EDS 的应用范围很广，可以对高分子、混凝土、矿物等无机或有机固体材料进行成分分析；可对金属材料相分析、成分分析及杂质等形态成分进行鉴定；

可对固体材料的表面涂层、镀层进行分析；可应用于金银饰品、宝石首饰的鉴别、考古文物的鉴定及刑侦鉴定等；还可对材料表面的微区成分进行定性定量分析。

5.6.6 聚焦离子束（FIB）技术

FIB 技术是利用静电透镜将离子束聚焦成微小尺寸的显微切割技术，让液态金属离子源（材料多为 Ga）经历外加电场、透镜聚焦的过程，形成离子束来轰炸样品，产生的二次电子和离子被收集成像或利用物理碰撞实现切割或研磨。

FIB 技术可用于 IC 生产工艺中微区电路错误刻蚀切割、样品表面纳米级缺陷（如腐蚀、氧化、异物等）的切割、需观察缺陷截面位置时对截面的切割等，之后再利用 SEM 进行观察。

5.7 试验数据及图像分析

5.7.1 形状分析激光显微镜分析结果

使用 VK-X 系列形状分析激光显微镜，物镜选择 10x 放大倍数，每次视野中只可观察到一个位置的焊球组合，如图 5.21 所示，为一次视野中的图像。因 1 个芯片有 12 个不同位置的焊球组合，故需测量 12 次，再经手动拼接，才能得到一个完整的芯片图像。

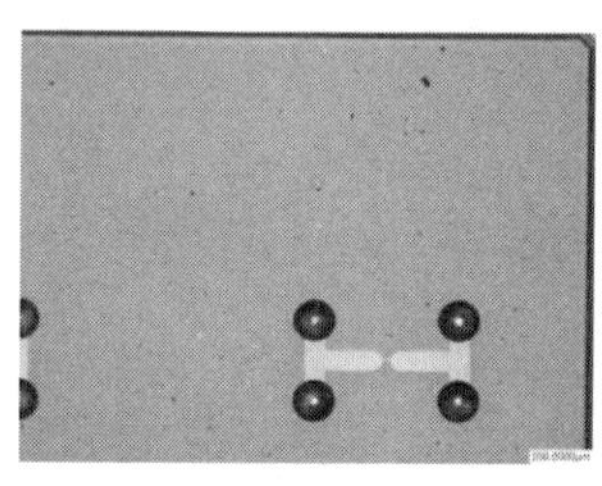

（a）颜色图

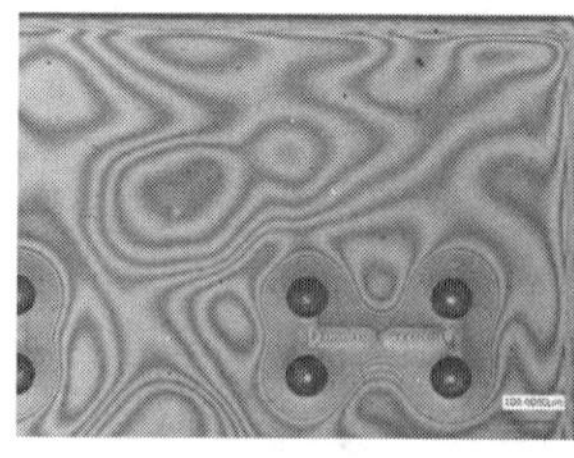

（b）激光颜色图

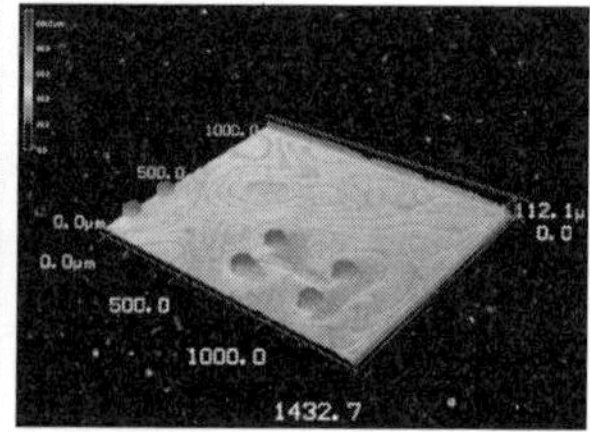

（c）表面形貌 3D 图

图 5.21 一个位置焊球组合的颜色图、激光颜色图和表面形貌 3D 图

5.7.2　初始芯片 A、B

如图 5.22、图 5.23 所示为初始芯片图，从 3 个总样本中随机抽取 2 个，记为芯片 A、B。

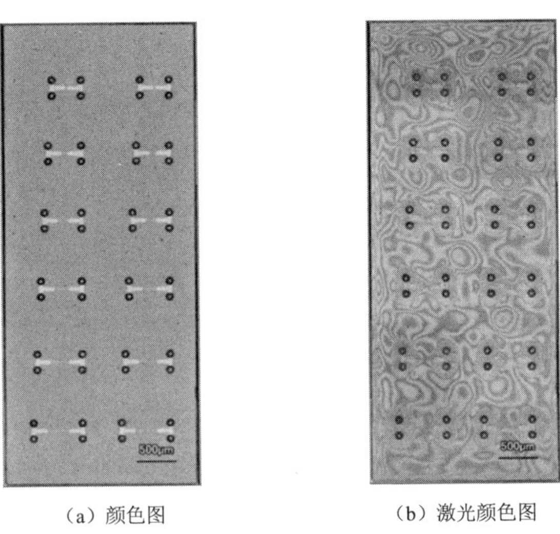

（a）颜色图　　（b）激光颜色图

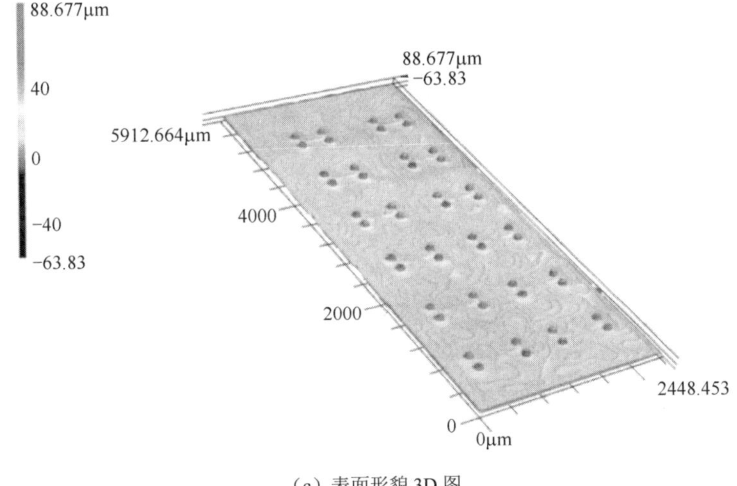

（c）表面形貌 3D 图

图 5.22　芯片 A 形状分析激光显微镜图像

如图 5.24 所示，由于芯片上共有 12 个不同位置的焊球组，上侧焊球组的两个焊球横向间距较小，下侧间距较大，焊球位置和分布规律与 TSV 槽一致。总体看来，这 48 个焊球分布在共 4 列、12 行的位置上，为了表示方便，将其按照矩阵的方式进行编号，即以（列号,行号）形式表示芯片上任一焊球的位置。

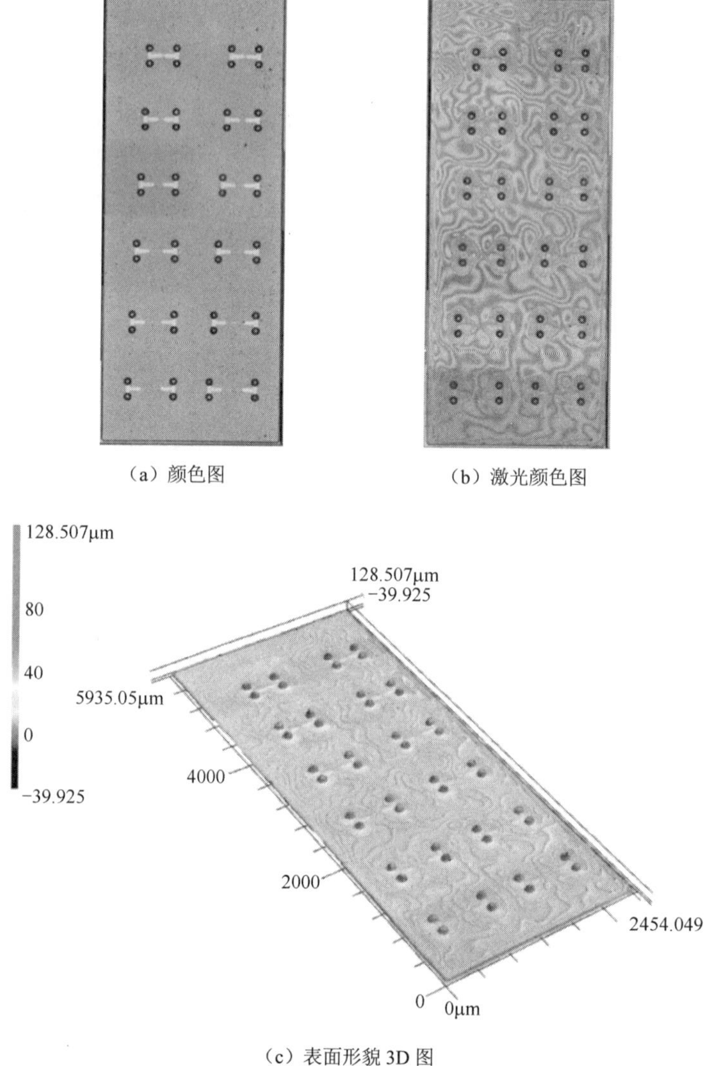

（a）颜色图

（b）激光颜色图

（c）表面形貌 3D 图

图 5.23　芯片 B 形状分析激光显微镜图像

使用 VK Series 多文件分析软件测量芯片 A、B 中各 48 个不同位置焊球的直径和最大高度，如表 5.1 和表 5.2 所示。

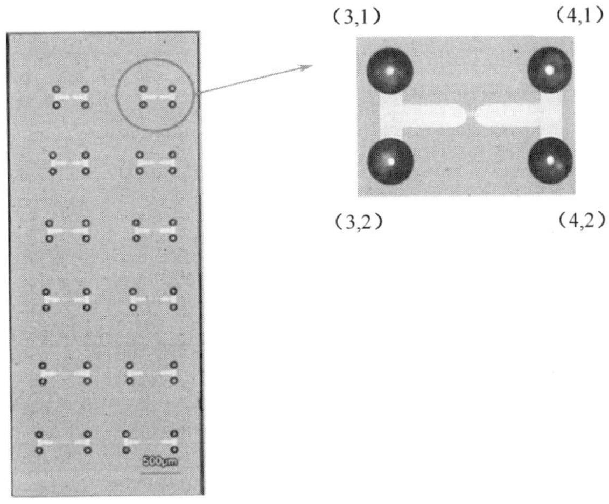

图 5.24　用矩阵方式表示焊球位置

表 5.1　芯片 A 各焊球直径和最大高度

焊球位置（列号，行号）	焊球直径/μm	焊球最大高度/μm
（1，1）	103.032	56.949
（2，1）	103.793	56.682
（1，2）	102.716	57.377
（2，2）	103.694	58.175
（1，3）	103.167	55.659
（2，3）	103.869	58.431
（1，4）	102.865	57.498
（2，4）	104.320	58.163
（1，5）	102.723	56.088
（2，5）	103.482	57.042
（1，6）	102.755	57.105
（2，6）	102.877	58.292
（1，7）	104.244	55.021
（2，7）	103.875	56.321
（1，8）	103.030	56.396
（2，8）	104.075	58.829
（1，9）	104.940	58.428
（2，9）	103.269	55.188
（1，10）	104.229	55.510

续表

焊球位置（列号，行号）	焊球直径/μm	焊球最大高度/μm
（2，10）	103.166	58.487
（1，11）	103.180	53.968
（2，11）	102.184	54.988
（1，12）	104.374	54.737
（2，12）	102.911	55.979
（3，1）	103.123	57.468
（4，1）	103.516	56.670
（3，2）	103.541	59.264
（4，2）	104.421	58.600
（3，3）	103.284	54.400
（4，3）	102.952	54.304
（3，4）	103.770	57.762
（4，4）	103.767	58.190
（3，5）	103.659	56.087
（4，5）	103.317	57.734
（3，6）	103.388	57.915
（4，6）	103.530	58.117
（3，7）	102.648	55.230
（4，7）	104.683	58.835
（3，8）	102.449	57.294
（4，8）	103.748	57.501
（3，9）	104.449	55.966
（4，9）	102.695	56.959
（3，10）	102.033	57.751
（4，10）	103.416	56.673
（3，11）	103.429	56.285
（4，11）	102.097	56.840
（3，12）	101.671	55.214
（4，12）	103.161	58.828

表 5.2　芯片 B 各焊球直径和最大高度

焊球位置（列号，行号）	焊球直径/μm	焊球最大高度/μm
（1，1）	102.587	56.467
（2，1）	102.045	56.078
（1，2）	103.541	58.383

续表

焊球位置（列号，行号）	焊球直径/μm	焊球最大高度/μm
（2，2）	103.804	56.177
（1，3）	103.328	56.222
（2，3）	104.013	58.452
（1，4）	103.119	57.770
（2，4）	103.295	56.000
（1，5）	102.619	56.727
（2，5）	103.541	56.823
（1，6）	103.979	55.968
（2，6）	103.277	56.979
（1，7）	103.507	56.242
（2，7）	103.289	56.421
（1，8）	103.536	57.479
（2，8）	103.302	58.229
（1，9）	103.949	56.155
（2，9）	104.083	58.404
（1，10）	104.733	55.659
（2，10）	102.821	57.050
（1，11）	103.562	54.625
（2，11）	103.812	59.778
（1，12）	103.268	58.364
（2，12）	102.524	58.336
（3，1）	103.274	57.721
（4，1）	103.501	57.238
（3，2）	103.826	57.203
（4，2）	102.111	57.745
（3，3）	103.678	58.062
（4，3）	102.920	58.685
（3，4）	103.535	58.791
（4，4）	103.934	58.741
（3，5）	103.487	55.941
（4，5）	103.495	55.153
（3，6）	103.929	57.885
（4，6）	103.315	56.798
（3，7）	103.095	58.123
（4，7）	102.981	57.015

续表

焊球位置（列号，行号）	焊球直径/μm	焊球最大高度/μm
（3，8）	102.191	58.196
（4，8）	103.140	58.225
（3，9）	103.434	57.345
（4，9）	102.796	55.817
（3，10）	103.439	55.432
（4，10）	103.585	55.425
（3，11）	102.316	55.695
（4，11）	103.198	55.233
（3，12）	103.831	55.082
（4，12）	104.106	54.554

绘制 origin 图像，如图 5.25 和图 5.26 所示。初始芯片 A 的焊球直径分布在 101.671～104.940μm 间，焊球最大高度分布在 53.968～59.264μm 间。芯片 B 的焊球直径分布在 102.045～104.733μm 间，焊球最大高度分布在 54.554～59.778μm 间。总体来说，初始芯片的焊球直径分布在 101.671～104.940μm 间，焊球最大高度分布在 53.968～59.778μm 间。

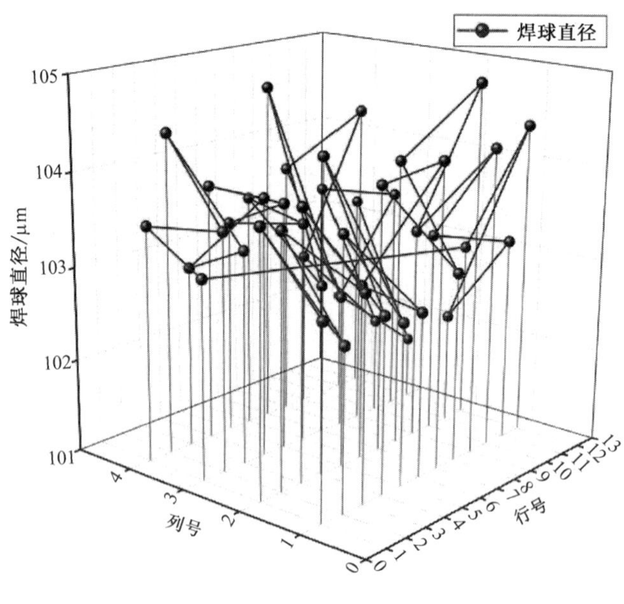

（a）焊球直径 origin 图

图 5.25　芯片 A 焊球尺寸 origin 图

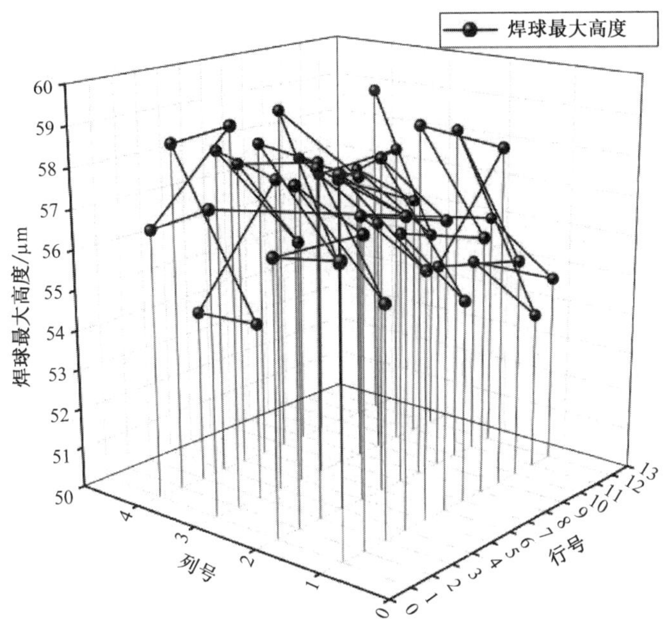

（b）焊球最大高度 origin 图

图 5.25　芯片 A 焊球尺寸 origin 图（续）

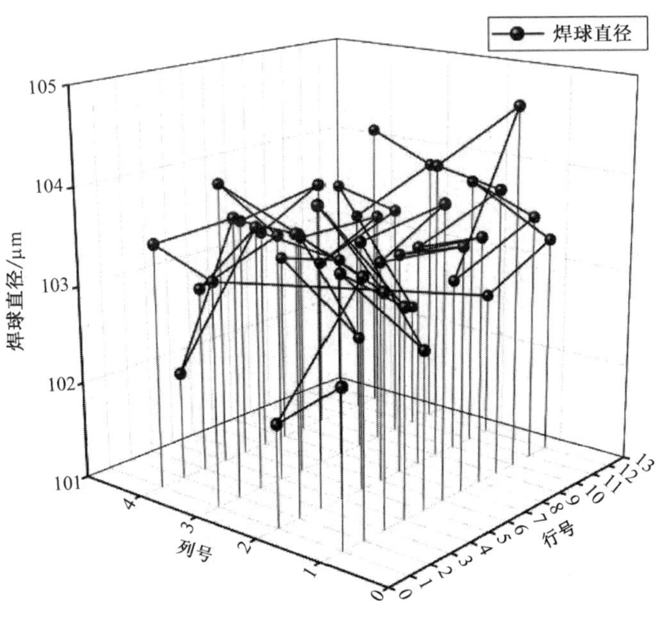

（a）焊球直径 origin 图

图 5.26　芯片 B 焊球尺寸 origin 图

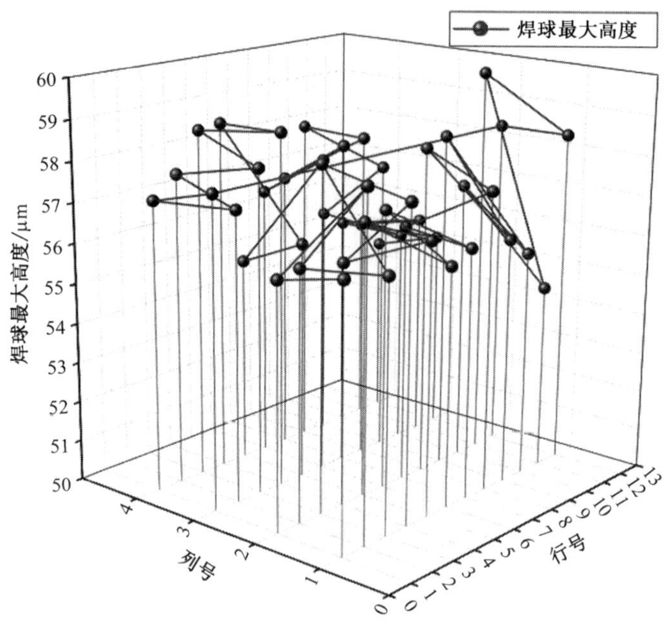

（b）焊球最大高度 origin 图

图 5.26　芯片 B 焊球尺寸 origin 图（续）

5.7.3　PC 试验后芯片 C、D

如图 5.27、图 5.28 所示为 PC 试验后芯片图，无肉眼可见的变化或损坏，从 68 个总样本中随机抽取 2 个，记为芯片 C、D。

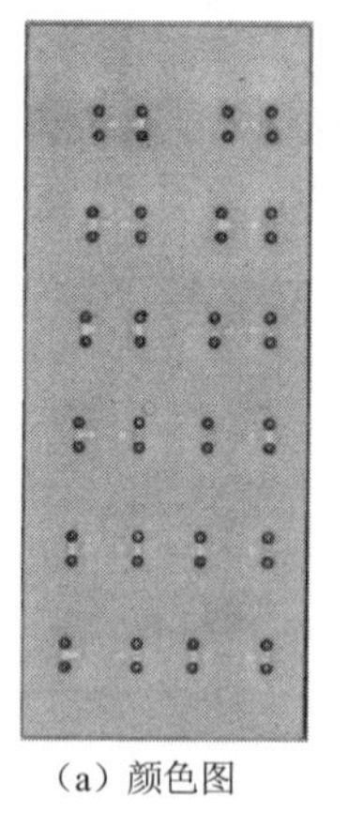

（a）颜色图

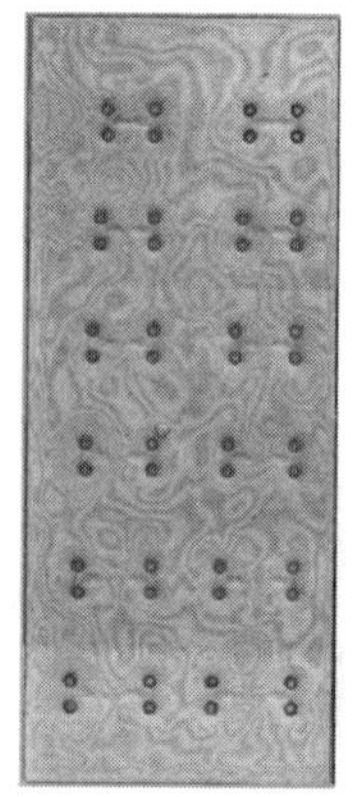

（b）激光颜色图

图 5.27　芯片 C 形状分析激光显微镜图像

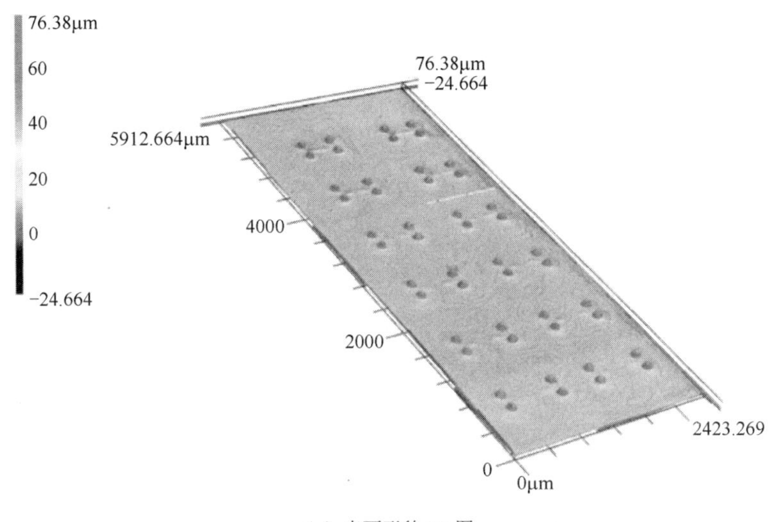

（c）表面形貌 3D 图

图 5.27　芯片 C 形状分析激光显微镜图像（续）

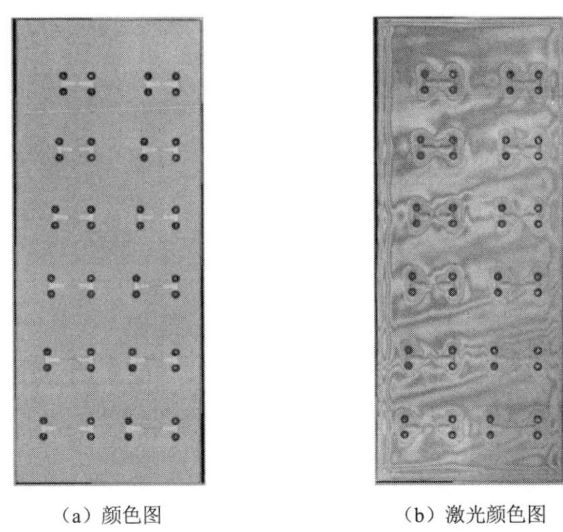

（a）颜色图　　（b）激光颜色图

图 5.28　芯片 D 形状分析激光显微镜图像

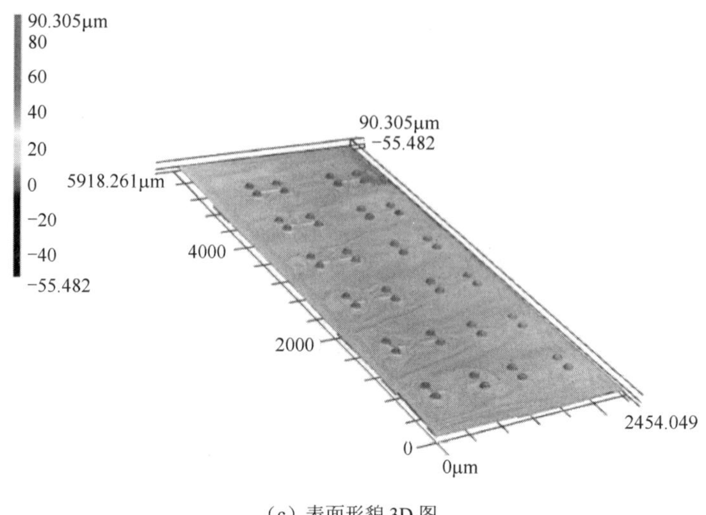

（c）表面形貌 3D 图

图 5.28　芯片 D 形状分析激光显微镜图像（续）

使用 VK Series 多文件分析软件测量芯片 C、D 中各 48 个不同位置焊球直径和最大高度，并计算出芯片 C 相对芯片 A、芯片 D 相对芯片 B 对应尺寸的变化量，如表 5.3 和表 5.4 所示。

表 5.3　芯片 C 各焊球直径、最大高度及其变化量

焊球位置	焊球直径/μm	直径变化量/μm	焊球最大高度/μm	最大高度变化量/μm
（1，1）	102.524	−0.508	56.952	0.003
（2，1）	102.834	−0.959	55.908	−0.774
（1，2）	103.223	0.507	54.910	−2.467
（2，2）	102.277	−1.417	58.923	0.748
（1，3）	103.803	0.636	55.805	0.146
（2，3）	103.886	0.017	56.640	−1.791
（1，4）	103.418	0.553	52.254	−5.244
（2，4）	102.775	−1.545	55.505	−2.658
（1，5）	103.395	0.672	54.075	−2.013
（2，5）	103.773	0.291	53.201	−3.841
（1，6）	102.025	−0.730	56.672	−0.433
（2，6）	102.419	−0.458	57.890	−0.402
（1，7）	102.386	−1.858	53.823	−1.198
（2，7）	103.859	−0.016	54.007	−2.314

续表

焊球位置	焊球直径/μm	直径变化量/μm	焊球最大高度/μm	最大高度变化量/μm
（1，8）	102.948	−0.082	55.397	−0.999
（2，8）	103.678	−0.397	54.430	−4.399
（1，9）	102.240	−2.700	56.020	−2.408
（2，9）	103.010	−0.259	55.017	−0.171
（1，10）	103.816	−0.413	57.201	1.691
（2，10）	103.467	0.301	58.493	0.006
（1，11）	102.030	−1.150	52.923	−1.045
（2，11）	102.224	0.040	55.302	0.314
（1，12）	102.547	−1.827	54.751	0.014
（2，12）	102.459	−0.452	53.988	−1.991
（3，1）	103.833	0.710	59.300	1.832
（4，1）	104.489	0.973	57.005	0.335
（3，2）	104.342	0.801	59.591	0.327
（4，2）	104.062	−0.359	56.975	−1.625
（3，3）	104.280	0.996	57.027	2.627
（4，3）	103.516	0.564	53.051	−1.253
（3，4）	103.932	0.162	58.452	0.690
（4，4）	103.413	−0.354	55.598	−2.592
（3，5）	104.266	0.607	56.130	0.043
（4，5）	104.214	0.897	54.897	−2.837
（3，6）	103.014	−0.374	57.572	−0.343
（4，6）	103.617	0.087	52.573	−5.544
（3，7）	102.954	0.306	55.430	0.200
（4，7）	104.420	−0.263	52.998	−5.837
（3，8）	103.394	0.945	56.124	−1.170
（4，8）	104.235	0.487	59.970	2.469
（3，9）	103.985	−0.464	55.235	−0.731
（4，9）	103.182	0.487	53.410	−3.549
（3，10）	102.887	0.854	56.315	−1.436
（4，10）	103.337	−0.079	55.542	−1.131
（3，11）	103.881	0.452	54.525	−1.760
（4，11）	102.597	0.500	52.020	−4.820
（3，12）	103.147	1.476	56.026	0.812
（4，12）	103.393	0.232	53.575	−5.253

表 5.4　芯片 D 各焊球直径、最大高度及其变化量

焊球位置	焊球直径/μm	直径变化量/μm	焊球最大高度/μm	最大高度变化量/μm
（1，1）	102.323	−0.264	57.399	0.932
（2，1）	102.225	0.180	53.901	−2.177
（1，2）	103.797	0.256	56.560	−1.823
（2，2）	102.624	−1.180	54.912	−1.265
（1，3）	102.561	−0.767	56.185	−0.037
（2，3）	103.563	−0.450	55.801	−2.651
（1，4）	102.889	−0.230	56.879	−0.891
（2，4）	102.122	−1.173	54.098	−1.902
（1，5）	102.468	−0.151	55.318	−1.409
（2，5）	102.873	−0.668	55.421	−1.402
（1，6）	102.174	−1.805	54.654	−1.314
（2，6）	102.413	−0.864	56.153	−0.826
（1，7）	103.450	−0.057	55.751	−0.491
（2，7）	103.651	0.362	53.341	−3.080
（1，8）	102.297	−1.239	54.921	−2.558
（2，8）	103.012	−0.290	57.041	−1.188
（1，9）	103.986	0.037	54.844	−1.311
（2，9）	103.194	−0.889	52.199	−6.205
（1，10）	102.675	−2.058	52.238	−3.421
（2，10）	102.590	−0.231	53.026	−4.024
（1，11）	103.028	−0.534	51.598	−3.027
（2，11）	103.393	−0.419	58.461	−1.317
（1，12）	102.534	−0.734	54.602	−3.762
（2，12）	103.796	1.272	52.844	−5.492
（3，1）	103.146	−0.128	55.560	−2.161
（4，1）	102.003	−1.498	56.547	−0.691
（3，2）	103.639	−0.187	56.720	−0.483
（4，2）	103.335	1.224	53.763	−3.982
（3，3）	101.817	−1.861	57.354	−0.708
（4，3）	102.155	−0.765	58.150	−0.535
（3，4）	103.378	−0.157	56.588	−2.203
（4，4）	103.622	−0.312	57.267	−1.474
（3，5）	103.431	−0.056	52.483	−3.458
（4，5）	102.735	−0.760	56.470	1.317
（3，6）	103.595	−0.334	52.565	−5.320
（4，6）	103.373	0.058	56.475	−0.323

续表

焊球位置	焊球直径/μm	直径变化量/μm	焊球最大高度/μm	最大高度变化量/μm
（3，7）	102.295	−0.800	57.855	−0.268
（4，7）	102.253	−0.728	57.839	0.824
（3，8）	102.923	0.732	57.701	−0.495
（4，8）	102.777	−0.363	52.567	−5.658
（3，9）	102.775	−0.659	56.363	−0.982
（4，9）	102.202	−0.594	56.733	0.916
（3，10）	103.612	0.173	57.041	1.609
（4，10）	102.099	−1.486	52.495	−2.930
（3，11）	103.151	0.835	56.101	0.406
（4，11）	103.059	−0.139	56.982	1.749
（3，12）	102.218	−1.613	53.001	−2.081
（4，12）	102.974	−1.132	53.712	−0.842

绘制 origin 图像，如图 5.29、图 5.30 所示。PC 试验后芯片 C 的焊球直径分布在 102.025～104.489μm 间，变化量为-2.700～1.476μm，焊球最大高度分布在 52.020～59.970μm 间，变化量为-5.837～2.627μm。芯片 D 的焊球直径分布在 101.817～103.986μm 间，变化量为-2.058～1.272μm，焊球最大高度分布在 51.598～58.461μm 间，变化量为-6.205～1.479μm。总体来说，PC 试验后的焊球直径分布在 101.817～104.489μm 间，焊球最大高度分布在 51.598～59.970μm 间。

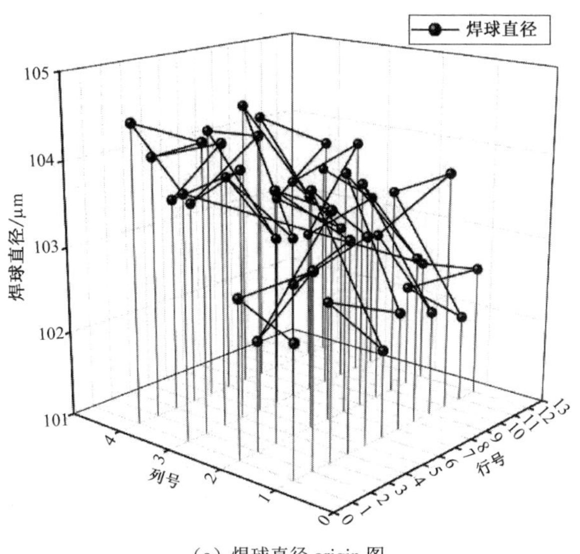

（a）焊球直径 origin 图

图 5.29　芯片 C 焊球尺寸及变化量 origin 图

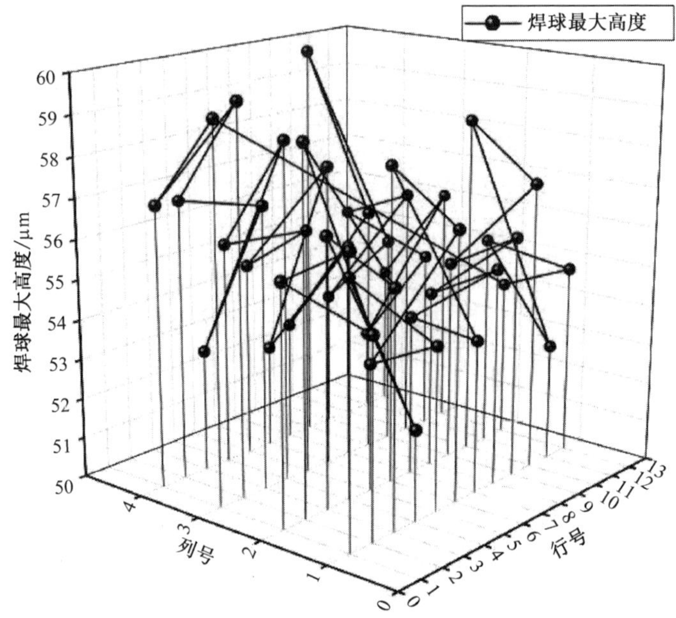

（b）焊球最大高度 origin 图

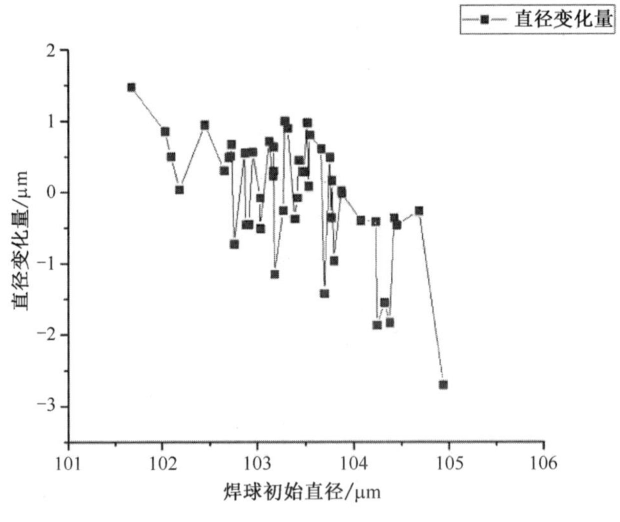

（c）焊球直径变化量 origin 图

图 5.29　芯片 C 焊球尺寸及变化量 origin 图（续）

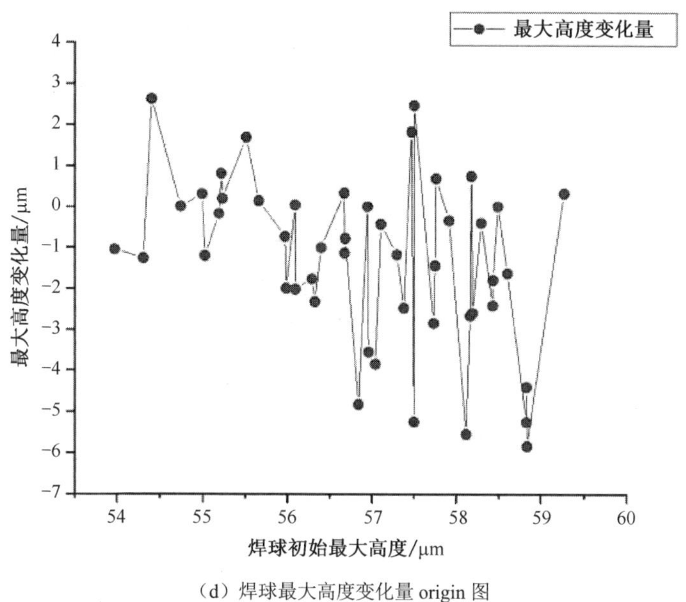

（d）焊球最大高度变化量 origin 图

图 5.29　芯片 C 焊球尺寸及变化量 origin 图（续）

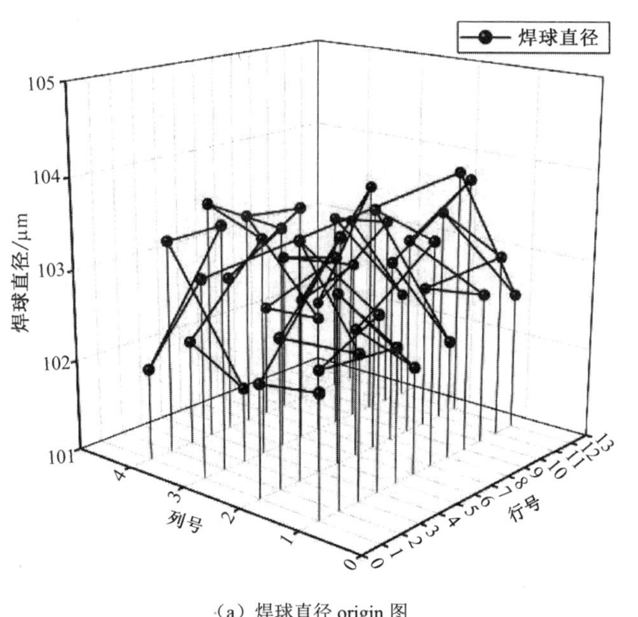

（a）焊球直径 origin 图

图 5.30　芯片 D 焊球尺寸及变化量 origin 图

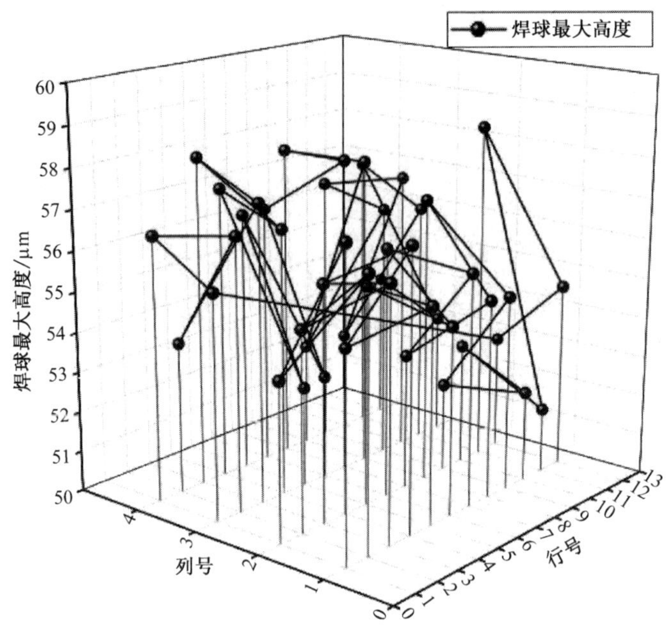

（b）焊球最大高度 origin 图

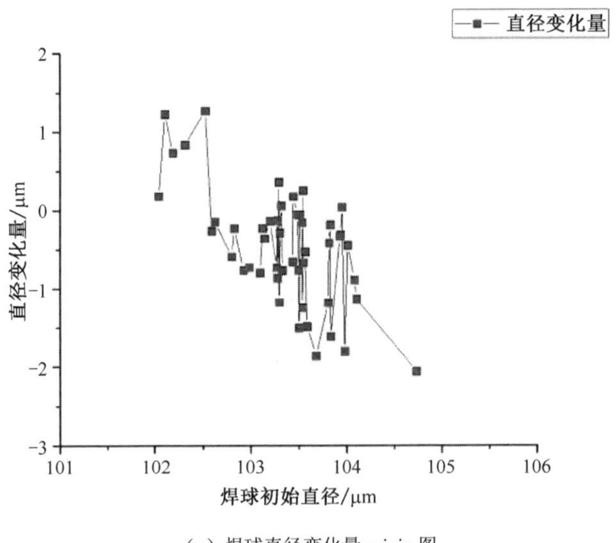

（c）焊球直径变化量 origin 图

图 5.30　芯片 D 焊球尺寸及变化量 origin 图（续）

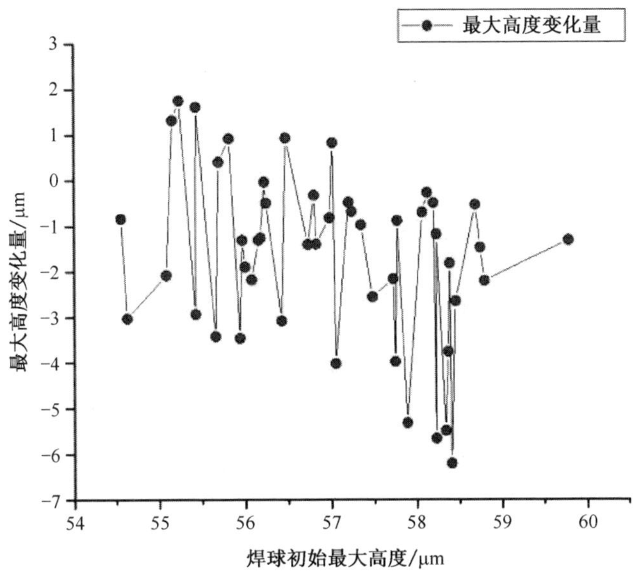

（d）焊球最大高度变化量 origin 图

图 5.30　芯片 D 焊球尺寸及变化量 origin 图（续）

5.7.4　TC 试验后芯片 E、F

如图 5.31、图 5.32 所示为 TC 试验后的芯片图，无肉眼可见的变化或损坏，从 22 个总样本中随机抽取 2 个，记为芯片 E、F。

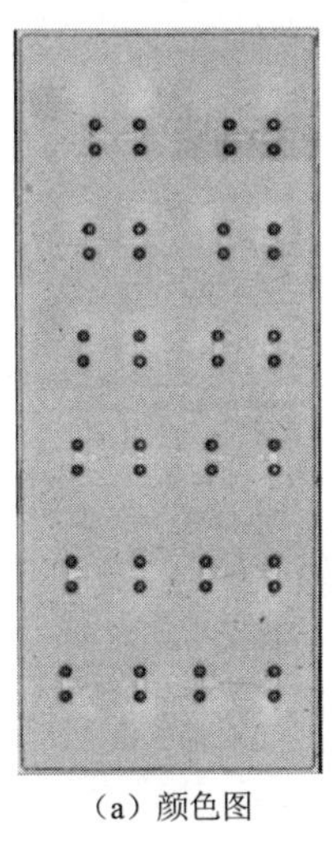

（a）颜色图　　（b）激光颜色图

图 5.31　芯片 E 形状分析激光显微镜图像

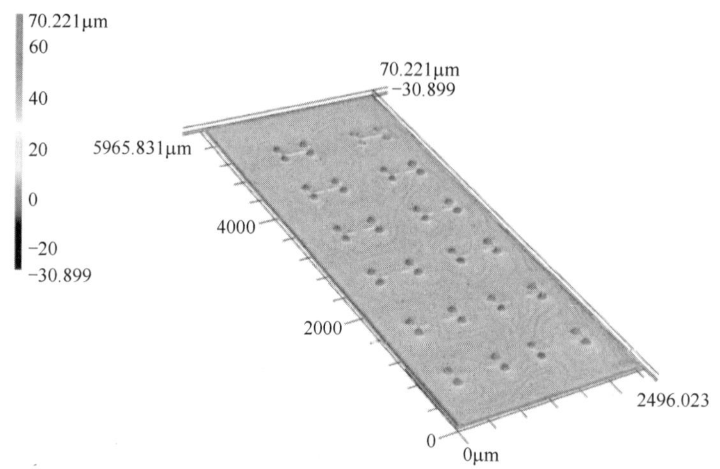

（c）表面形貌3D图

图5.31　芯片E形状分析激光显微镜图像（续）

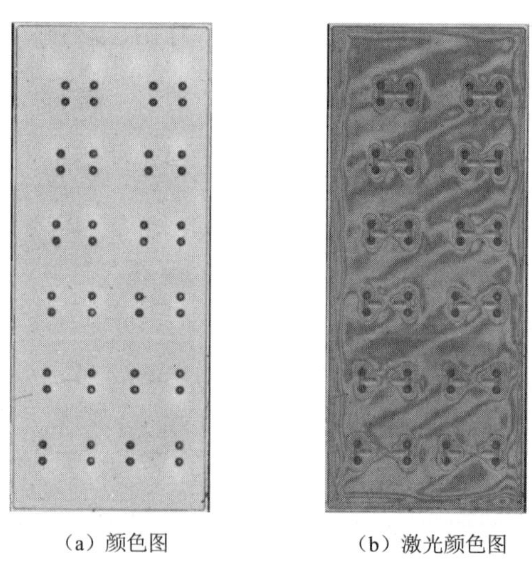

（a）颜色图　　（b）激光颜色图

图5.32　芯片F形状分析激光显微镜图像

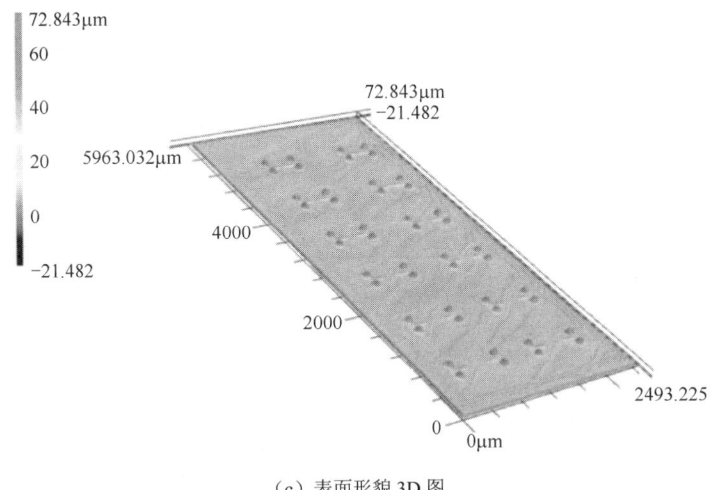

（c）表面形貌 3D 图

图 5.32　芯片 F 形状分析激光显微镜图像（续）

使用 VK Series 多文件分析软件测量芯片 E、F 中各 48 个不同位置焊球直径和最大高度，并计算出芯片 E 相对芯片 A、芯片 F 相对芯片 B 对应尺寸的变化量，如表 5.5 和表 5.6 所示。

表 5.5　芯片 E 各焊球直径、最大高度及其变化量

焊球位置	焊球直径/μm	直径变化量/μm	焊球最大高度/μm	最大高度变化量/μm
（1，1）	102.620	−0.412	56.053	−0.896
（2，1）	103.268	−0.525	56.999	0.317
（1，2）	102.208	−0.508	57.361	−0.016
（2，2）	104.228	0.534	57.711	−0.464
（1，3）	102.358	−0.809	57.782	2.123
（2，3）	102.414	−1.455	56.893	−1.538
（1，4）	104.451	1.586	57.352	−0.146
（2，4）	103.993	−0.327	57.173	−0.990
（1，5）	104.139	1.416	56.746	0.658
（2，5）	104.134	0.652	54.722	−2.320
（1，6）	103.501	0.746	54.117	−2.988
（2，6）	103.063	0.186	58.200	−0.092
（1，7）	103.670	−0.574	54.275	−0.746
（2，7）	103.148	−0.727	55.841	−0.480

续表

焊球位置	焊球直径/μm	直径变化量/μm	焊球最大高度/μm	最大高度变化量/μm
(1，8)	103.888	0.858	56.052	−0.344
(2，8)	104.940	0.865	58.100	−0.729
(1，9)	103.464	−1.476	56.135	−2.293
(2，9)	103.603	0.334	55.229	0.041
(1，10)	104.120	−0.109	54.712	−0.798
(2，10)	103.199	0.033	55.362	−3.125
(1，11)	103.905	0.725	53.397	−0.571
(2，11)	103.991	1.807	55.747	0.759
(1，12)	103.420	−0.954	57.421	2.684
(2，12)	103.082	0.171	56.200	0.221
(3，1)	103.510	0.387	52.553	−4.915
(4，1)	103.992	0.476	52.126	−4.544
(3，2)	103.472	−0.069	52.704	−6.560
(4，2)	104.932	0.511	52.984	−5.616
(3，3)	104.024	0.740	55.521	1.121
(4，3)	103.224	0.272	55.578	1.274
(3，4)	104.902	1.132	55.421	−2.341
(4，4)	103.366	−0.401	57.278	−0.912
(3，5)	103.953	0.294	56.098	0.011
(4，5)	103.021	−0.296	55.993	−1.741
(3，6)	104.028	0.640	56.008	−1.907
(4，6)	103.940	0.410	57.288	−0.829
(3，7)	103.217	0.569	55.624	0.394
(4，7)	104.229	−0.454	57.436	−1.399
(3，8)	103.313	0.864	56.862	−0.432
(4，8)	103.428	−0.320	57.144	−0.357
(3，9)	102.355	−2.094	56.672	0.706
(4，9)	102.359	−0.336	56.764	−0.195
(3，10)	103.650	1.617	56.490	−1.261
(4，10)	102.125	−1.291	58.930	2.257
(3，11)	102.112	−1.317	54.039	−2.246
(4，11)	102.498	0.401	53.268	−3.572
(3，12)	103.114	1.443	53.880	−1.334
(4，12)	103.784	0.623	57.423	−1.405

表 5.6　芯片 F 各焊球直径、最大高度及其变化量

焊球位置	焊球直径/μm	直径变化量/μm	焊球最大高度/μm	最大高度变化量/μm
（1，1）	102.014	−0.573	56.780	0.313
（2，1）	102.649	0.604	54.680	−1.398
（1，2）	102.755	−0.786	57.675	−0.708
（2，2）	102.472	−1.332	53.500	−2.677
（1，3）	104.519	1.191	55.081	−1.141
（2，3）	103.930	−0.083	58.901	0.449
（1，4）	103.763	0.644	59.336	1.566
（2，4）	102.043	−1.252	57.332	1.332
（1，5）	102.824	0.205	54.021	−2.706
（2，5）	102.492	−1.049	54.548	−2.275
（1，6）	102.354	−1.625	58.500	2.532
（2，6）	103.126	−0.151	54.907	−2.072
（1，7）	102.573	−0.934	58.132	1.890
（2，7）	102.524	−0.765	53.900	−2.521
（1，8）	102.691	−0.845	56.324	−1.155
（2，8）	103.479	0.177	58.692	0.463
（1，9）	102.467	−1.482	53.702	−2.453
（2，9）	103.586	−0.497	55.021	−3.383
（1，10）	102.405	−2.328	54.115	−1.544
（2，10）	103.835	1.014	58.511	1.461
（1，11）	103.682	0.120	54.175	−0.450
（2，11）	103.253	−0.559	57.160	−2.618
（1，12）	103.811	0.543	51.582	−6.782
（2，12）	103.380	0.856	57.546	−0.790
（3，1）	102.484	−0.790	58.804	1.083
（4，1）	103.627	0.126	58.924	1.686
（3，2）	102.482	−1.344	59.234	2.031
（4，2）	102.366	0.255	54.340	−3.405
（3，3）	103.828	0.150	55.465	−2.597
（4，3）	102.112	−0.808	56.894	−1.791
（3，4）	103.435	−0.100	56.108	−2.683
（4，4）	102.899	−1.035	56.369	−2.372
（3，5）	103.074	−0.413	57.954	2.013
（4，5）	103.343	−0.152	56.595	1.442
（3，6）	102.165	−1.764	56.711	−1.174

续表

焊球位置	焊球直径/μm	直径变化量/μm	焊球最大高度/μm	最大高度变化量/μm
（4，6）	102.656	−0.659	53.665	−3.133
（3，7）	104.989	1.894	53.169	−4.954
（4，7）	102.804	−0.177	58.214	1.199
（3，8）	103.394	1.203	55.975	−2.221
（4，8）	103.969	0.829	56.619	−1.606
（3，9）	102.615	−0.819	52.050	−5.295
（4，9）	102.046	−0.750	55.310	−0.507
（3，10）	103.119	−0.320	55.002	−0.430
（4，10）	103.451	−0.134	54.003	−1.422
（3，11）	103.300	0.984	53.176	−2.519
（4，11）	103.591	0.393	51.385	−3.848
（3，12）	103.443	−0.388	52.435	−2.647
（4，12）	103.239	−0.867	54.034	−0.520

绘制 origin 图像，如图 5.33、图 5.34 所示。TC 试验后芯片 E 的焊球直径分布在 102.112～104.940μm 间，变化量为-2.094～1.808μm，焊球最大高度分布在 52.126～58.930μm 间，变化量为-6.560～2.684μm。芯片 F 的焊球直径分布在 102.014～104.989μm 间，变化量为-2.328～1.894μm，焊球最大高度分布在 51.385～59.336μm 间，变化量为-6.782～2.532μm。总体来说，TC 试验后的焊球直径分布在 102.014～104.989μm 间，焊球最大高度分布在 51.385～59.336μm 间。

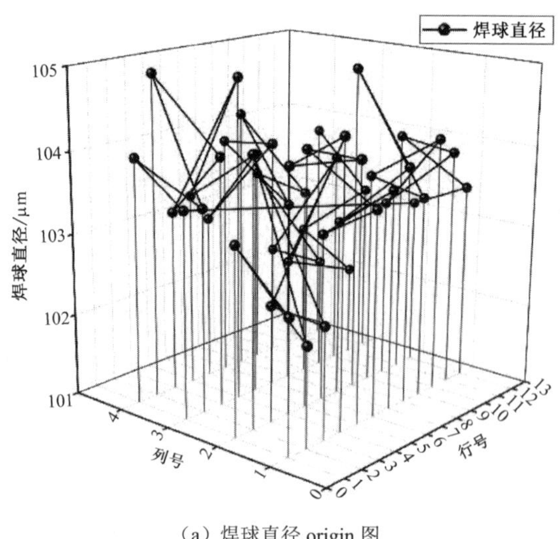

（a）焊球直径 origin 图

图 5.33　芯片 E 焊球尺寸及变化量 origin 图

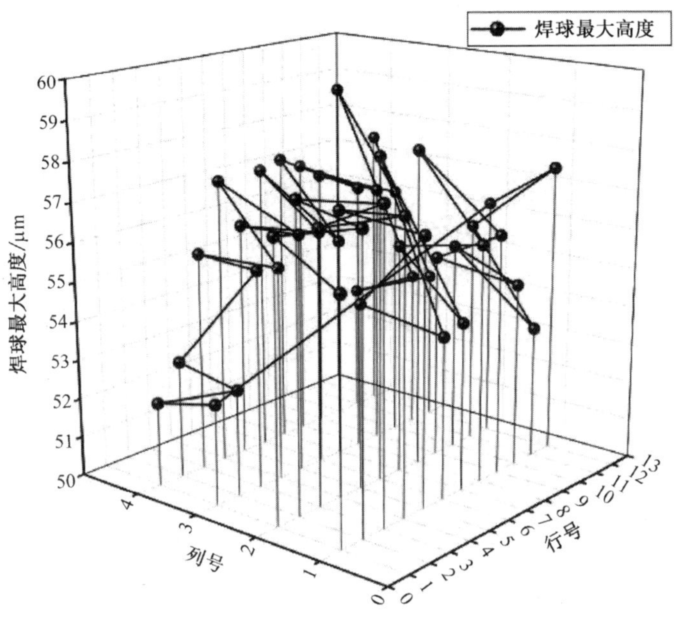

（b）焊球最大高度 origin 图

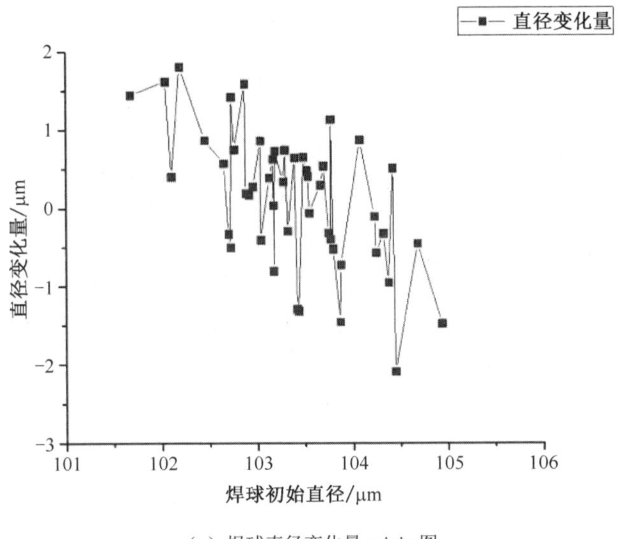

（c）焊球直径变化量 origin 图

图 5.33　芯片 E 焊球尺寸及变化量 origin 图（续）

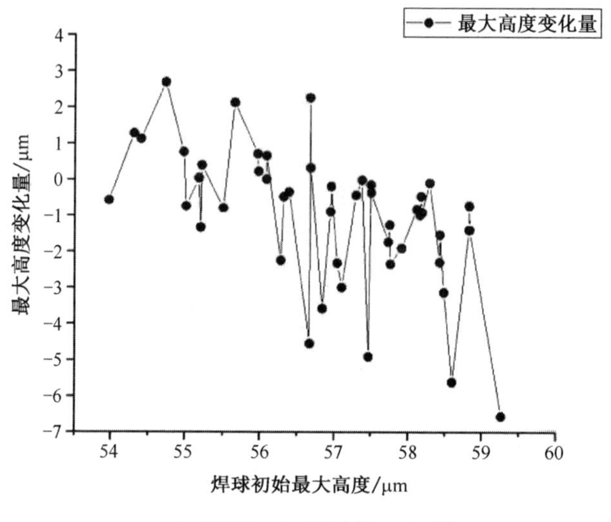

（d）焊球最大高度变化量 origin 图

图 5.33　芯片 E 焊球尺寸及变化量 origin 图（续）

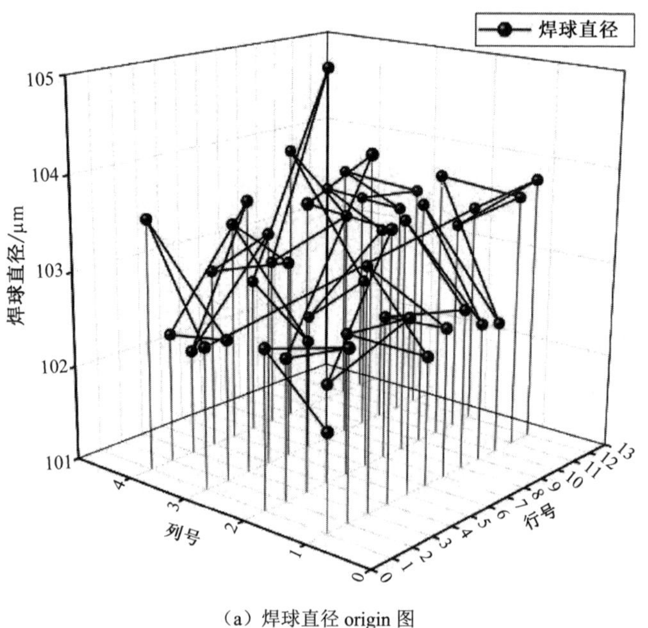

（a）焊球直径 origin 图

图 5.34　芯片 F 焊球尺寸及变化量 origin 图

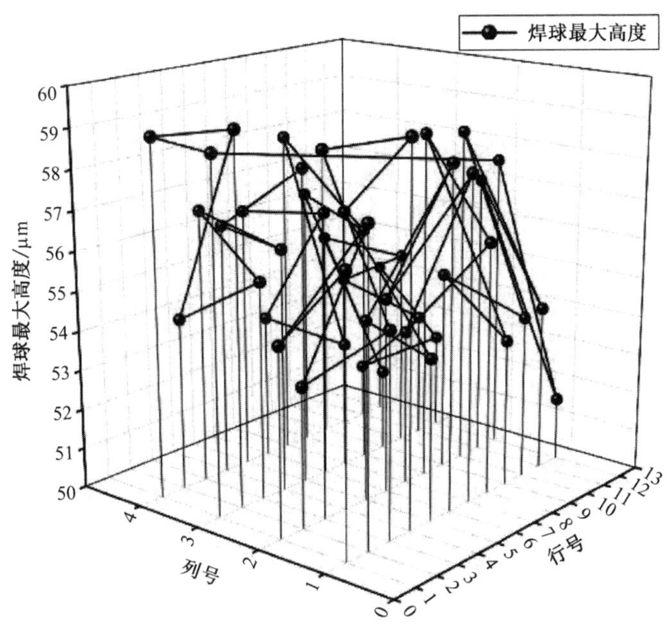

（b）焊球最大高度 origin 图

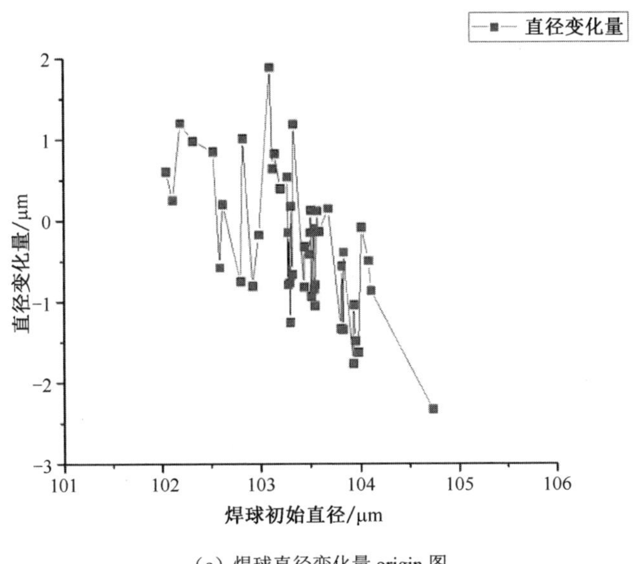

（c）焊球直径变化量 origin 图

图 5.34　芯片 F 焊球尺寸及变化量 origin 图（续）

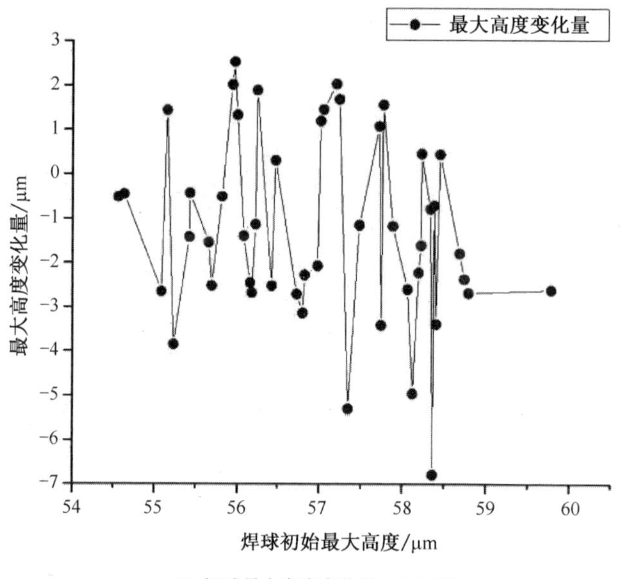

（d）焊球最大高度变化量 origin 图

图 5.34　芯片 F 焊球尺寸及变化量 origin 图（续）

5.7.5　UHAST 试验后芯片 G、H

如图 5.35、图 5.36 所示为 UHAST 试验后芯片图，无肉眼可见的变化或损坏，从 22 个总样本中随机抽取 2 个，记为芯片 G、H。

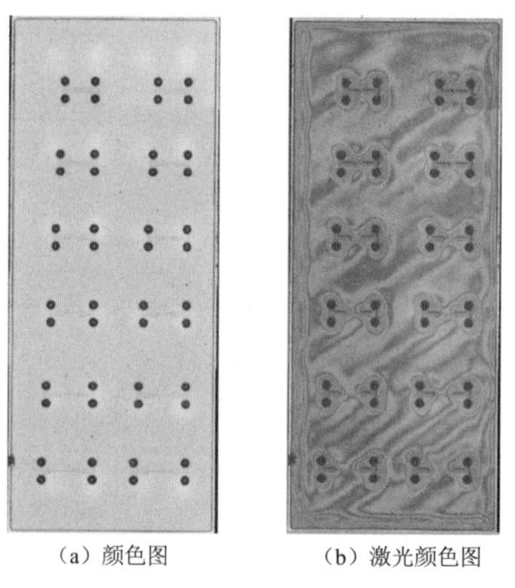

（a）颜色图　　（b）激光颜色图

图 5.35　芯片 G 形状分析激光显微镜图像

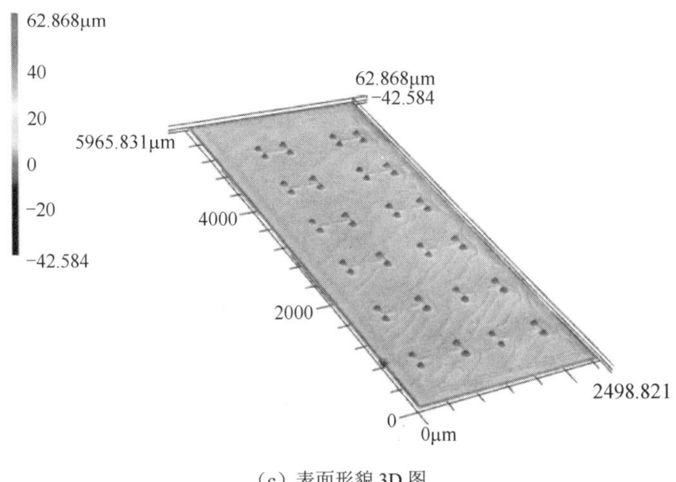

（c）表面形貌 3D 图

图 5.35　芯片 G 形状分析激光显微镜图像（续）

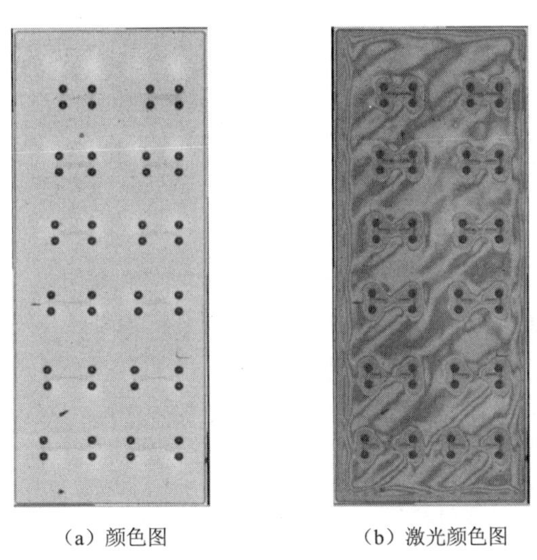

（a）颜色图　　（b）激光颜色图

图 5.36　芯片 H 形状分析激光显微镜图像

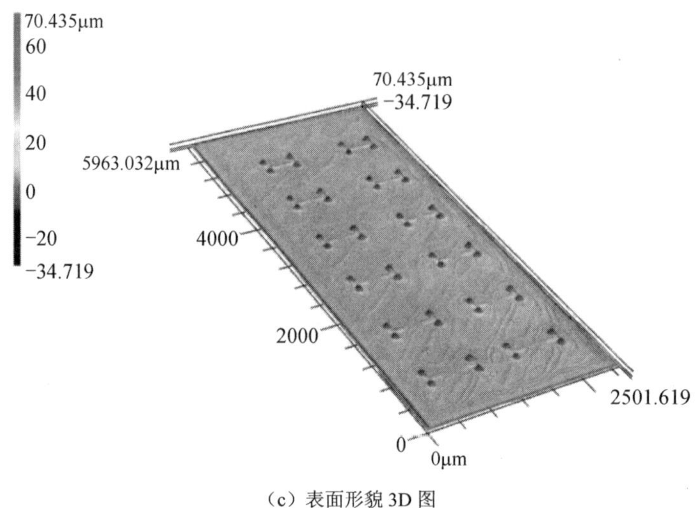

（c）表面形貌 3D 图

图 5.36 芯片 H 形状分析激光显微镜图像（续）

使用 VK Series 多文件分析软件测量芯片 G、H 中各 48 个不同位置焊球直径和最大高度，并计算出芯片 G 相对芯片 A、芯片 H 相对芯片 B 对应尺寸的变化量，如表 5.7 和表 5.8 所示。

表 5.7 芯片 G 各焊球直径、最大高度及其变化量

焊球位置	焊球直径/μm	直径变化量/μm	焊球最大高度/μm	最大高度变化量/μm
（1，1）	104.110	1.523	53.901	−2.566
（2，1）	103.293	1.248	53.925	−2.153
（1，2）	104.203	0.662	52.506	−5.877
（2，2）	104.040	0.236	53.691	−2.486
（1，3）	103.083	−0.245	53.715	−2.507
（2，3）	102.588	−1.425	53.380	−5.072
（1，4）	103.500	0.381	53.000	−4.770
（2，4）	104.055	0.760	50.841	−5.159
（1，5）	102.850	0.231	52.061	−4.666
（2，5）	102.691	−0.850	52.700	−4.123
（1，6）	102.148	−1.831	53.652	−2.316
（2，6）	102.823	−0.454	52.924	−4.055
（1，7）	103.680	0.173	53.987	−2.255
（2，7）	102.887	−0.402	52.098	−4.323

续表

焊球位置	焊球直径/μm	直径变化量/μm	焊球最大高度/μm	最大高度变化量/μm
（1，8）	102.936	−0.600	53.566	−3.913
（2，8）	103.873	0.571	51.976	−6.253
（1，9）	104.990	1.041	52.968	−3.187
（2，9）	104.113	0.030	52.250	−6.154
（1，10）	104.872	0.139	53.741	−1.918
（2，10）	103.444	0.623	51.928	−5.122
（1，11）	104.095	0.533	51.501	−3.124
（2，11）	102.494	−1.318	52.003	−7.775
（1，12）	104.184	0.916	50.802	−7.562
（2，12）	102.296	−0.228	52.020	−6.316
（3，1）	103.250	−0.024	55.709	−2.012
（4，1）	102.260	−1.241	52.811	−4.427
（3，2）	102.664	−1.162	58.010	0.807
（4，2）	102.150	0.039	54.351	−3.394
（3，3）	103.565	−0.113	56.251	−1.811
（4，3）	102.588	−0.332	54.250	−4.435
（3，4）	102.652	−0.883	54.042	−4.749
（4，4）	103.991	0.057	53.423	−5.318
（3，5）	103.900	0.413	50.496	−5.445
（4，5）	103.139	−0.356	52.849	−2.304
（3，6）	102.869	−1.060	53.500	−4.385
（4，6）	103.340	0.025	51.800	−4.998
（3，7）	103.550	0.455	54.022	−4.101
（4，7）	102.844	−0.137	50.020	−6.995
（3，8）	102.871	0.680	54.000	−4.196
（4，8）	102.807	−0.333	53.300	−4.925
（3，9）	103.378	−0.056	51.400	−5.945
（4，9）	103.720	0.924	54.650	−1.167
（3，10）	103.882	0.443	52.250	−3.182
（4，10）	103.142	−0.443	52.985	−2.440
（3，11）	102.652	0.336	53.750	−1.945
（4，11）	103.885	0.687	52.967	−2.266
（3，12）	102.231	−1.600	54.159	−0.923
（4，12）	103.740	−0.366	50.310	−4.244

表 5.8　芯片 H 各焊球直径、最大高度及其变化量

焊球位置	焊球直径/μm	直径变化量/μm	焊球最大高度/μm	最大高度变化量/μm
（1，1）	101.723	−0.864	59.690	3.223
（2，1）	103.236	1.191	59.013	2.935
（1，2）	103.484	−0.057	53.588	−4.795
（2，2）	103.692	−0.112	53.602	−2.575
（1，3）	102.623	−0.705	55.501	−0.721
（2，3）	102.409	−1.604	51.102	−7.350
（1，4）	101.074	−2.045	51.326	−6.444
（2，4）	102.661	−0.634	56.200	0.200
（1，5）	103.090	0.471	57.801	1.074
（2，5）	103.416	−0.125	53.402	−3.421
（1，6）	102.817	−1.162	55.882	−0.086
（2，6）	102.077	−1.200	56.742	−0.237
（1，7）	103.167	−0.340	55.750	−0.492
（2，7）	102.939	−0.350	53.944	−2.477
（1，8）	102.662	−0.874	55.812	−1.667
（2，8）	102.259	−1.043	53.651	−4.578
（1，9）	103.365	−0.584	56.977	0.822
（2，9）	102.887	−1.196	52.587	−5.817
（1，10）	102.401	−2.332	55.560	−0.099
（2，10）	103.691	0.870	52.042	−5.008
（1，11）	103.358	−0.204	54.099	−0.526
（2，11）	103.791	−0.021	54.717	−5.061
（1，12）	102.654	−0.614	56.901	−1.463
（2，12）	103.704	1.180	54.493	−3.843
（3，1）	102.868	−0.406	56.234	−1.487
（4，1）	102.769	−0.732	52.972	−4.266
（3，2）	102.451	−1.375	59.870	2.667
（4，2）	104.165	2.054	54.839	−2.906
（3，3）	102.492	−1.186	59.248	1.186
（4，3）	102.145	−0.775	52.201	−6.484
（3，4）	102.486	−1.049	59.801	1.010
（4，4）	103.071	−0.863	53.341	−5.400
（3，5）	103.762	0.275	54.297	−1.644
（4，5）	102.330	−1.165	50.321	−4.832
（3，6）	103.016	−0.913	55.558	−2.327
（4，6）	102.201	−1.114	54.964	−1.834

续表

焊球位置	焊球直径/μm	直径变化量/μm	焊球最大高度/μm	最大高度变化量/μm
（3，7）	103.595	0.500	53.550	-4.573
（4，7）	103.216	0.235	52.724	-4.291
（3，8）	102.768	0.577	54.990	-3.206
（4，8）	102.644	-0.496	52.287	-5.938
（3，9）	103.665	0.231	56.123	-1.222
（4，9）	102.681	-0.115	55.569	-0.248
（3，10）	103.353	-0.086	56.976	1.544
（4，10）	102.446	-1.139	56.001	0.576
（3，11）	102.100	-0.216	52.856	-2.839
（4，11）	102.263	-0.935	52.220	-3.013
（3，12）	103.882	0.051	54.348	-0.734
（4，12）	103.121	-0.985	56.745	2.191

绘制 origin 图像，如图 5.37、图 5.38 所示。UHAST 试验后芯片 G 的焊球直径分布在 102.148～104.990μm 间，变化量为-1.831～1.523μm，焊球最大高度分布在 50.020～58.010μm 间，变化量为-7.775～0.807μm。芯片 H 的焊球直径分布在 101.074～104.165μm 间，变化量为-2.332～2.054μm，焊球最大高度分布在 50.321～59.870μm 间，变化量为-7.350～3.233μm。总体来说，UHAST 试验后的焊球直径分布在 101.074～104.990μm 间，焊球最大高度分布在 50.020～59.870μm 间。

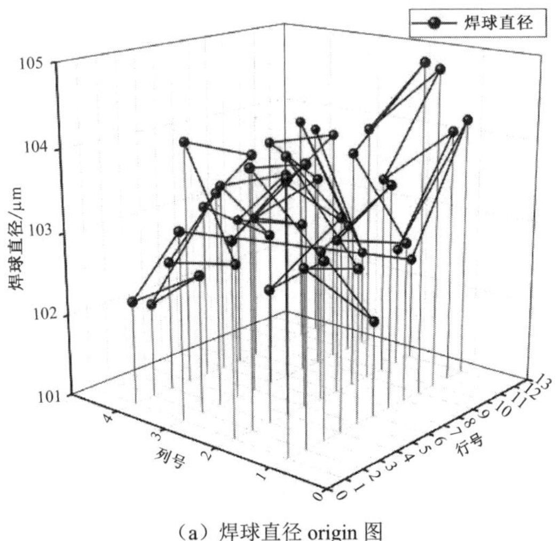

（a）焊球直径 origin 图

图 5.37　芯片 G 焊球尺寸及变化量 origin 图

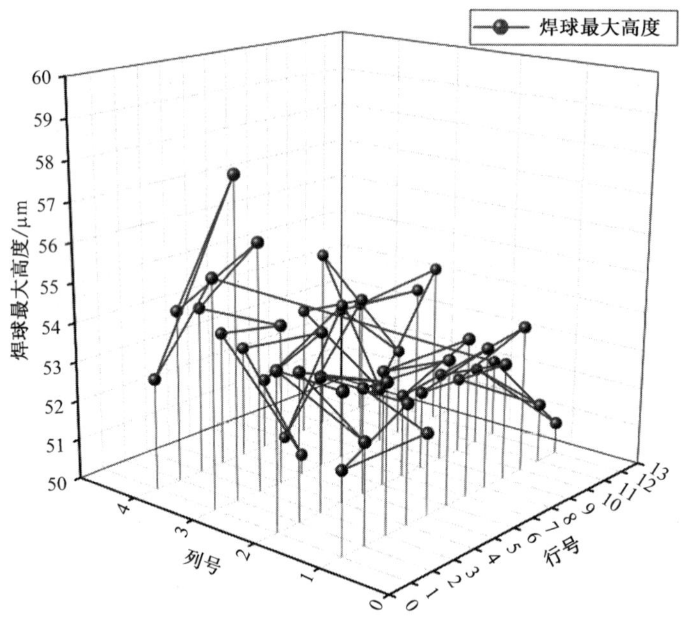

（b）焊球最大高度 origin 图

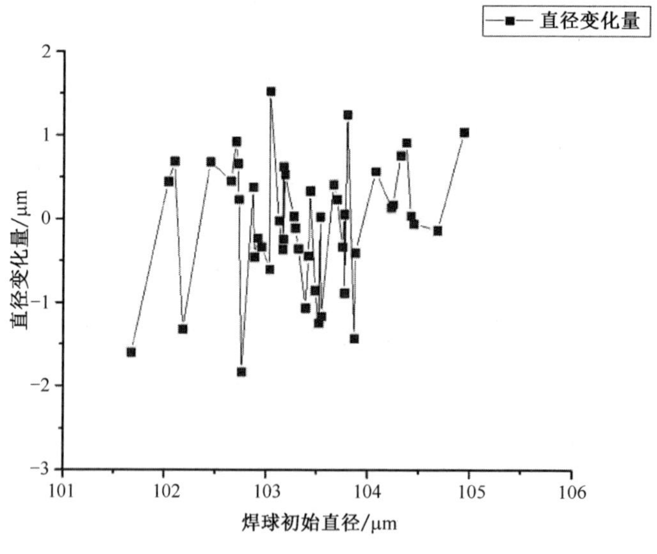

（c）焊球直径变化量 origin 图

图 5.37 芯片 G 焊球尺寸及变化量 origin 图（续）

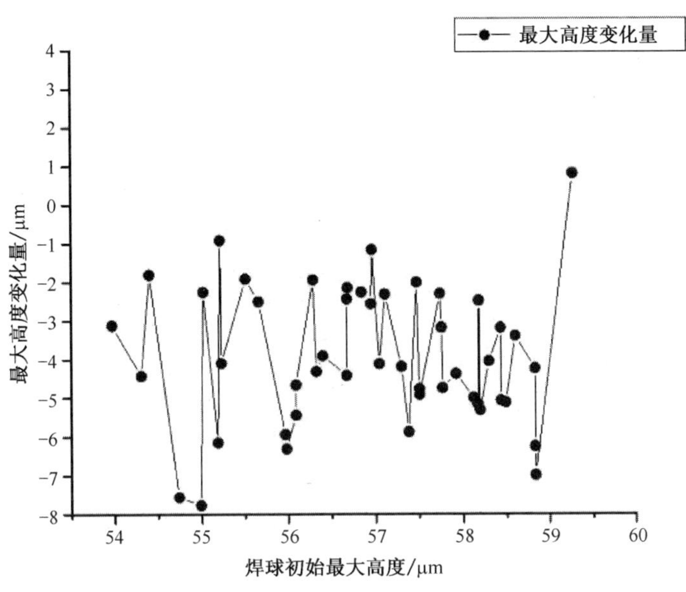

（d）焊球最大高度变化量 origin 图

图 5.37　芯片 G 焊球尺寸及变化量 origin 图（续）

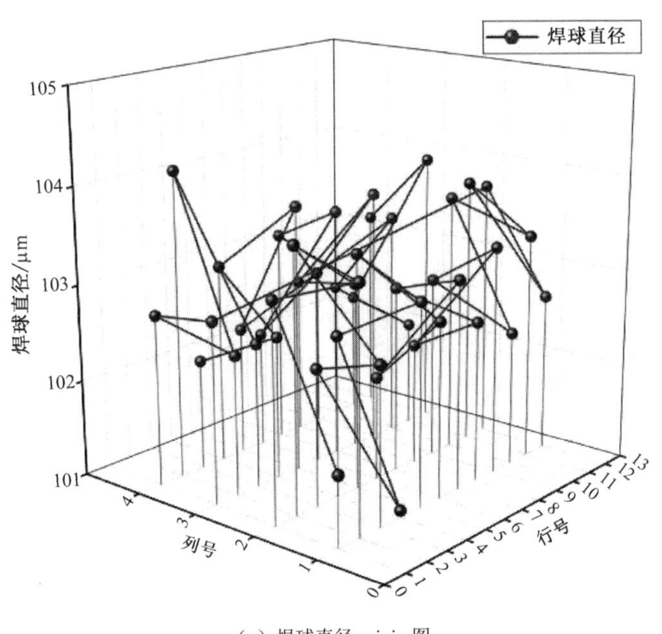

（a）焊球直径 origin 图

图 5.38　芯片 H 焊球尺寸及变化量 origin 图

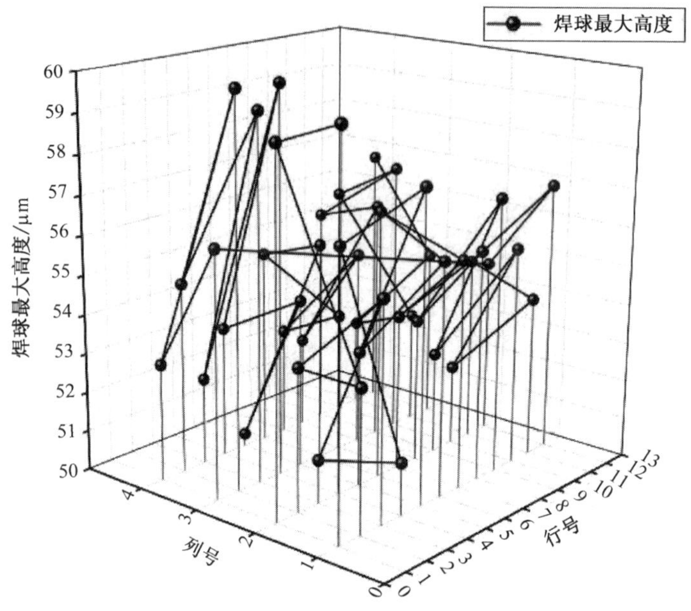

（b）焊球最大高度 origin 图

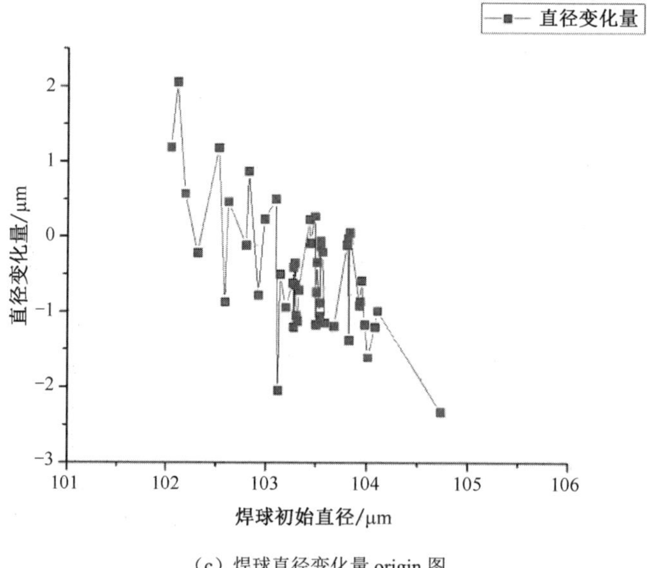

（c）焊球直径变化量 origin 图

图 5.38　芯片 H 焊球尺寸及变化量 origin 图（续）

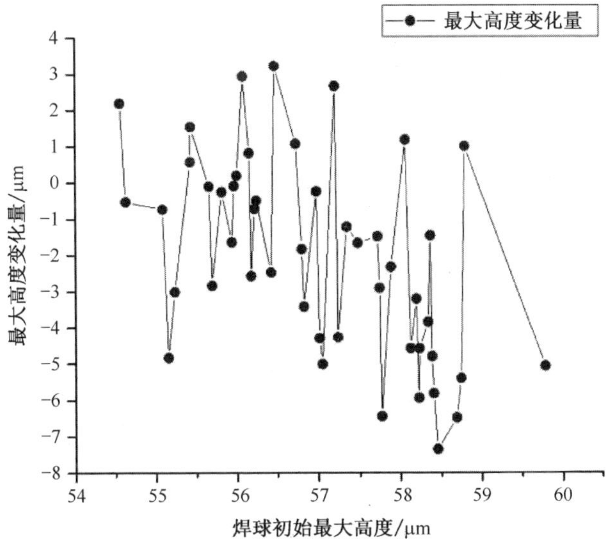

（d）焊球最大高度变化量 origin 图

图 5.38　芯片 H 焊球尺寸及变化量 origin 图（续）

5.7.6　PCT 试验后芯片 I、J

如图 5.39、图 5.40 所示为 PCT 试验后芯片图，肉眼明显可见芯片表面形貌发生了很大的变化，出现深褐色的斑点（即水渍），出现白色发亮区域（即气泡），而且表面出现裂痕、翘起。从 22 个样本中随机抽取 2 个，记为芯片 I、J。

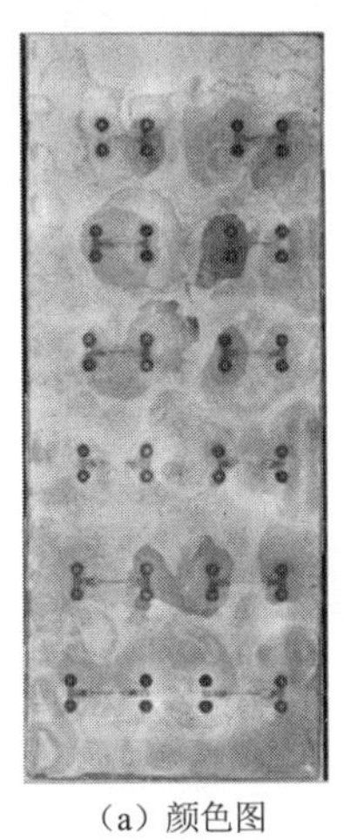

（a）颜色图

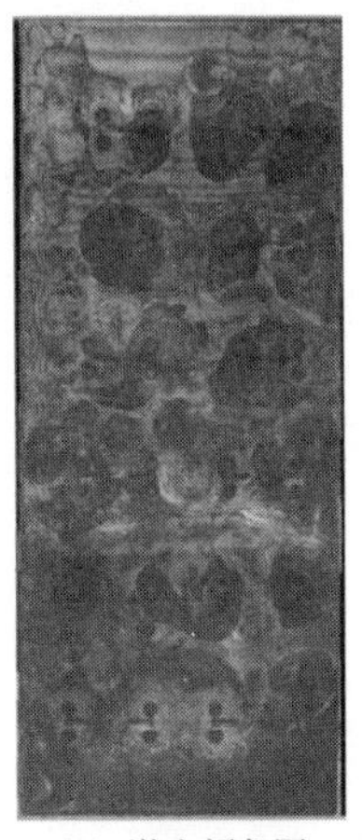

（b）激光颜色图

图 5.39　芯片 I 形状分析激光显微镜图像

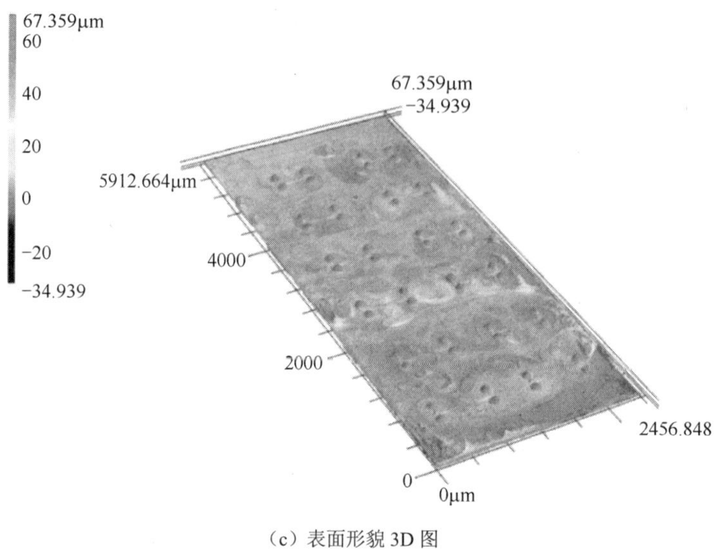

（c）表面形貌 3D 图

图 5.39　芯片 I 形状分析激光显微镜图像（续）

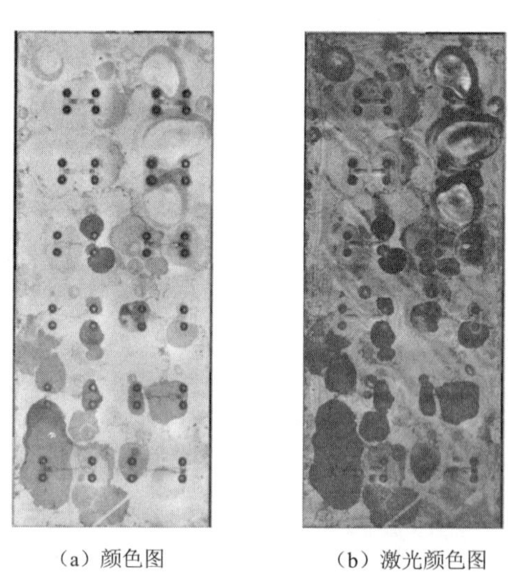

（a）颜色图　　（b）激光颜色图

图 5.40　芯片 J 形状分析激光显微镜图像

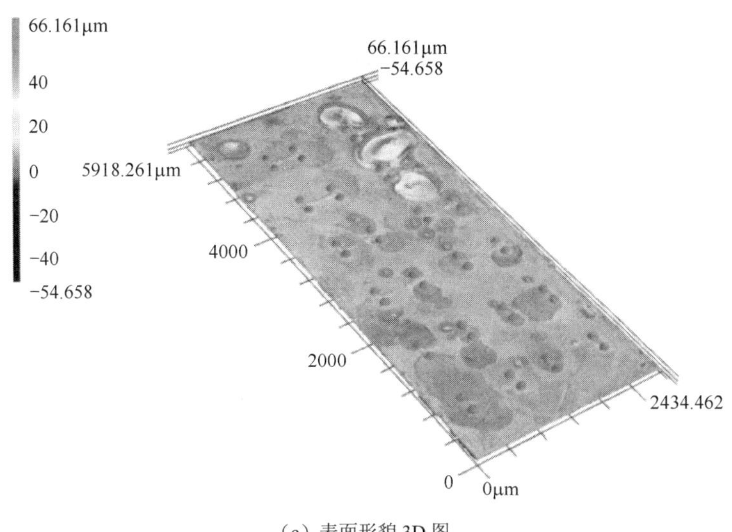

（c）表面形貌 3D 图

图 5.40　芯片 J 形状分析激光显微镜图像（续）

使用 VK Series 多文件分析软件测量芯片 I、J 中各 48 个不同位置焊球直径和最大高度，并计算出芯片 I 相对芯片 A、芯片 J 相对芯片 B 对应尺寸的变化量，如表 5.9 和表 5.10 所示。

表 5.9　芯片 I 各焊球直径、最大高度及其变化量

焊球位置	焊球直径/μm	直径变化量/μm	焊球最大高度/μm	最大高度变化量/μm
（1，1）	103.767	1.180	55.270	−1.197
（2，1）	104.120	2.075	56.525	0.447
（1，2）	103.452	−0.089	54.426	−3.957
（2，2）	102.874	−0.930	58.412	2.235
（1，3）	102.462	−0.866	55.390	−0.832
（2，3）	102.849	−1.164	53.515	−4.937
（1，4）	101.948	−1.171	57.978	0.208
（2，4）	102.383	−0.912	58.697	2.697
（1，5）	102.576	−0.043	55.735	−0.992
（2，5）	103.317	−0.224	52.325	−4.498
（1，6）	101.347	−2.632	57.021	1.053
（2，6）	103.043	−0.234	56.800	−0.179
（1，7）	103.322	−0.185	52.653	−3.589
（2，7）	102.482	−0.807	53.324	−3.097

续表

焊球位置	焊球直径/μm	直径变化量/μm	焊球最大高度/μm	最大高度变化量/μm
(1，8)	102.736	−0.800	51.726	−5.753
(2，8)	101.827	−1.475	53.500	−4.729
(1，9)	102.690	−1.259	54.945	−1.210
(2，9)	101.109	−2.974	57.503	−0.901
(1，10)	102.727	−2.006	54.478	−1.181
(2，10)	102.432	−0.389	56.750	−0.300
(1，11)	103.104	−0.458	52.138	−2.487
(2，11)	101.944	−1.868	51.723	−8.055
(1，12)	102.067	1.201	53.288	−5.076
(2，12)	103.144	0.620	51.525	−6.811
(3，1)	102.388	−0.886	58.768	1.047
(4，1)	102.050	−1.451	53.634	−3.604
(3，2)	102.417	−1.409	58.012	0.809
(4，2)	103.100	0.989	54.861	−2.884
(3，3)	103.226	−0.452	52.961	−5.101
(4，3)	103.173	0.253	55.558	−3.127
(3，4)	102.349	−1.186	58.347	−0.444
(4，4)	103.933	−0.001	51.081	−7.660
(3，5)	102.993	−0.494	54.723	−1.218
(4，5)	102.480	−1.015	55.741	0.588
(3，6)	102.311	−1.618	59.567	1.682
(4，6)	103.618	0.303	53.301	−3.497
(3，7)	103.062	−0.033	50.408	−7.715
(4，7)	103.398	0.417	53.900	−3.115
(3，8)	102.259	0.068	53.500	−4.696
(4，8)	103.401	0.261	53.105	−5.120
(3，9)	102.574	−0.860	54.779	−2.566
(4，9)	103.204	0.408	50.631	−5.186
(3，10)	103.500	0.061	56.184	0.752
(4，10)	103.811	0.226	52.874	−2.551
(3，11)	103.711	1.395	55.592	−0.103
(4，11)	104.172	0.974	54.791	−0.442
(3，12)	103.786	−0.045	52.920	−2.162
(4，12)	103.272	−0.834	52.128	−2.426

表 5.10　芯片 J 各焊球直径、最大高度及其变化量

焊球位置	焊球直径/μm	直径变化量/μm	焊球最大高度/μm	最大高度变化量/μm
(1，1)	103.410	0.823	54.539	−1.928
(2，1)	102.873	0.828	53.682	−2.396
(1，2)	104.296	0.755	56.478	−1.905
(2，2)	103.866	0.062	53.420	−2.757
(1，3)	103.185	−0.143	52.726	−3.496
(2，3)	103.275	−0.738	54.225	−4.227
(1，4)	103.848	0.729	56.112	−1.658
(2，4)	104.248	0.953	58.602	2.602
(1，5)	102.886	0.267	56.498	−0.229
(2，5)	103.406	−0.135	53.576	−3.247
(1，6)	102.951	−1.028	56.758	0.790
(2，6)	102.517	−0.760	58.201	1.222
(1，7)	103.964	0.457	53.533	−2.709
(2，7)	102.092	−1.197	52.787	−3.634
(1，8)	102.303	−1.233	54.166	−3.313
(2，8)	102.608	−0.694	53.841	−4.388
(1，9)	102.787	−1.162	56.026	−0.129
(2，9)	102.817	−1.266	54.391	−4.013
(1，10)	104.253	−0.480	54.031	−1.628
(2，10)	103.272	0.451	52.099	−4.951
(1，11)	102.460	−1.102	53.605	−1.020
(2，11)	103.465	−0.347	56.153	−3.625
(1，12)	103.664	0.396	53.531	−4.833
(2，12)	103.155	0.631	55.530	−2.806
(3，1)	102.419	−0.855	57.062	−0.659
(4，1)	103.446	−0.055	54.049	−3.189
(3，2)	103.768	−0.058	55.742	−1.461
(4，2)	102.636	0.525	54.601	−3.144
(3，3)	104.483	0.805	54.593	−3.469
(4，3)	102.403	−0.517	51.714	−6.971
(3，4)	103.839	0.304	57.092	−1.699
(4，4)	103.387	−0.547	53.146	−5.595
(3，5)	103.540	0.053	54.785	−1.156
(4，5)	104.176	0.681	55.455	0.302
(3，6)	103.244	−0.685	56.744	−1.141
(4，6)	103.383	0.068	55.533	−1.265

续表

焊球位置	焊球直径/μm	直径变化量/μm	焊球最大高度/μm	最大高度变化量/μm
（3，7）	102.756	-0.339	54.323	-3.800
（4，7）	103.739	0.758	55.250	-1.765
（3，8）	102.819	0.628	54.710	-3.486
（4，8）	102.990	-0.150	53.342	-4.883
（3，9）	102.499	-0.935	54.705	-2.640
（4，9）	104.323	1.527	54.383	-1.434
（3，10）	103.883	0.444	53.255	-2.177
（4，10）	103.082	-0.503	54.175	-1.250
（3，11）	102.797	0.481	55.010	-0.685
（4，11）	102.818	-0.380	53.513	-1.720
（3，12）	103.447	-0.384	55.588	0.506
（4，12）	103.189	-0.917	54.358	-0.196

绘制 origin 图像，如图 5.41、图 5.42 所示。PCT 试验后芯片 I 的焊球直径分布在 101.109～104.172μm 间，变化量为-2.974～2.075μm，焊球最大高度分布在 50.408～59.567μm 间，变化量为-8.055～2.697μm。芯片 J 的焊球直径分布在 102.092～104.483μm 间，变化量为-1.266～1.527μm。焊球最大高度分布在 51.714～58.602μm 间，变化量为-6.971～2.602μm。总体来说，PCT 试验后的焊球直径分布在 101.109～104.483μm 间，焊球最大高度分布在 50.408～59.567μm 间。

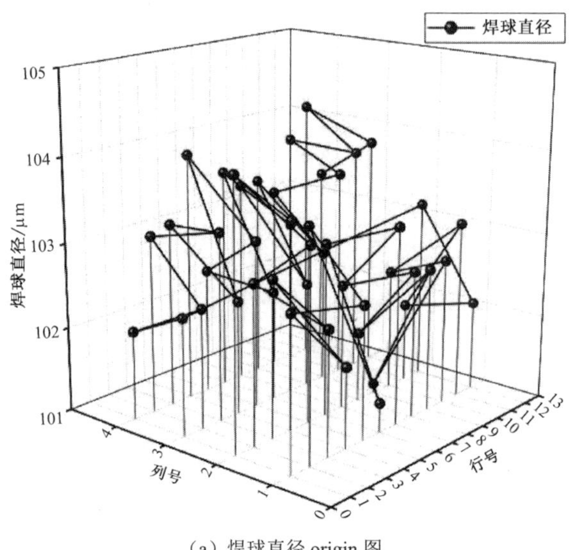

（a）焊球直径 origin 图

图 5.41　芯片 I 焊球尺寸及变化量 origin 图

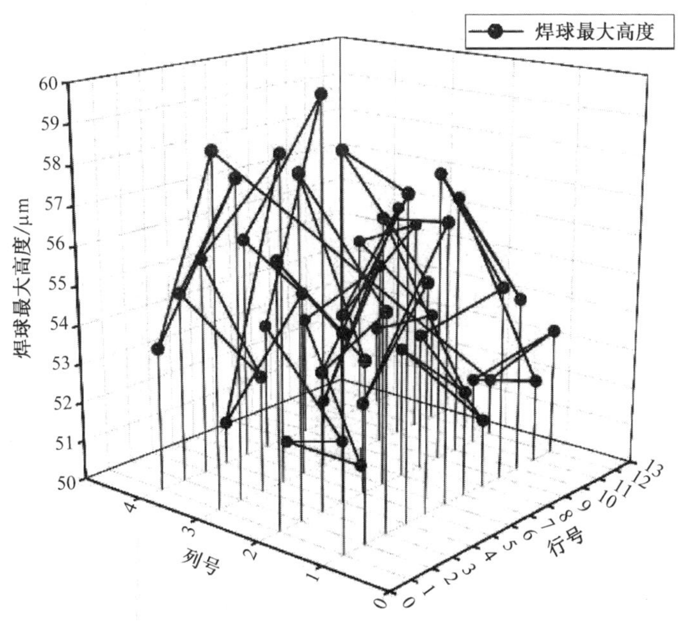

（b）焊球最大高度 origin 图

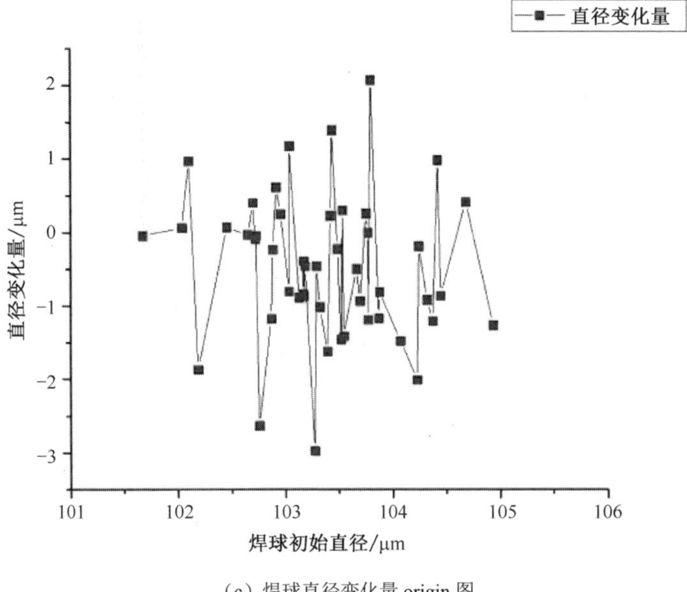

（c）焊球直径变化量 origin 图

图 5.41　芯片 I 焊球尺寸及变化量 origin 图（续）

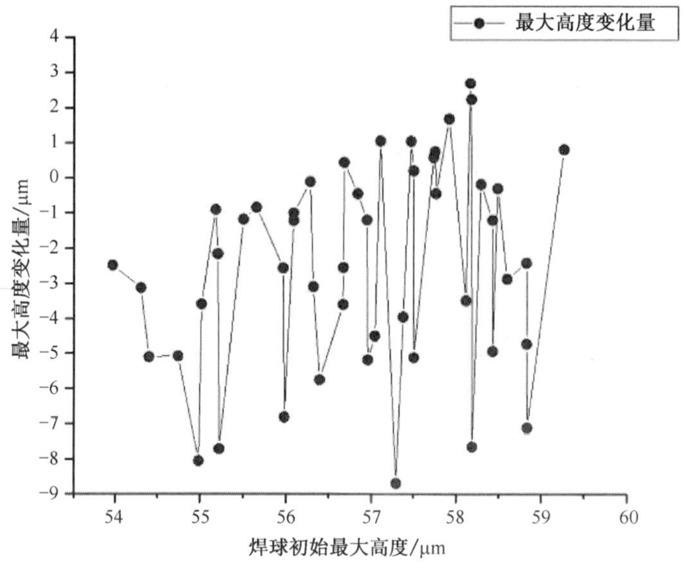

（d）焊球最大高度变化量 origin 图

图 5.41　芯片 I 焊球尺寸及变化量 origin 图（续）

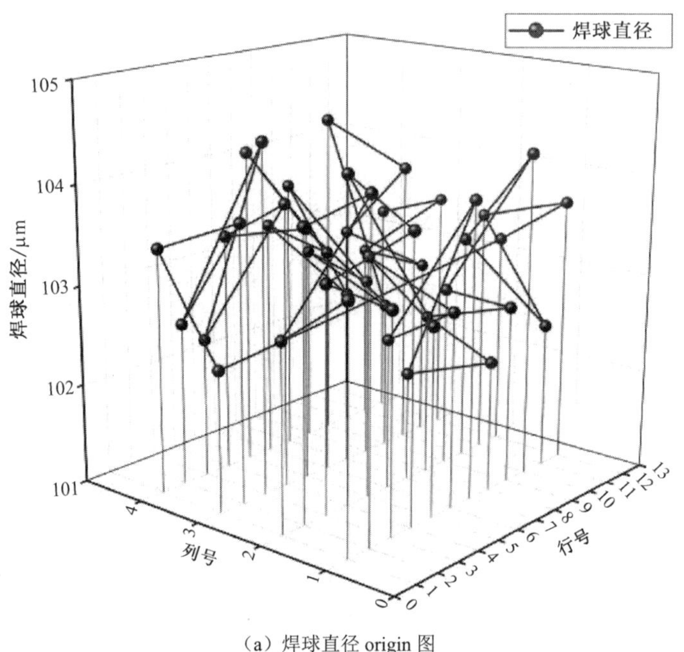

（a）焊球直径 origin 图

图 5.42　芯片 J 焊球尺寸及变化量 origin 图

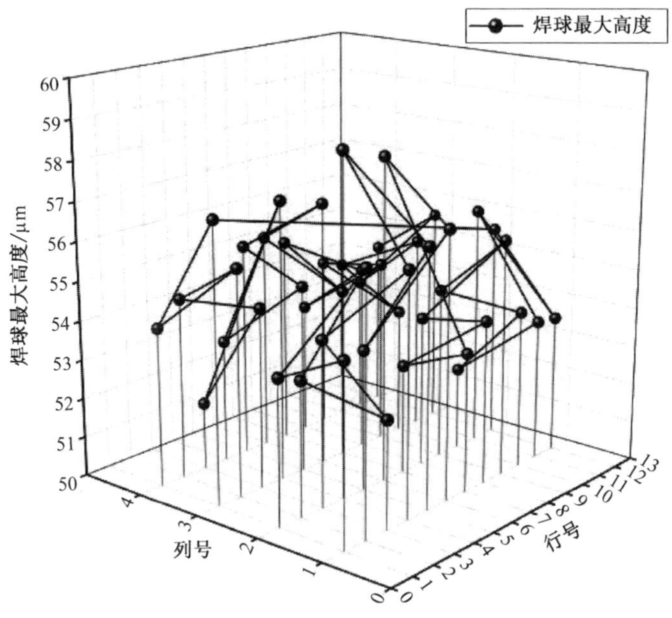

（b）焊球最大高度 origin 图

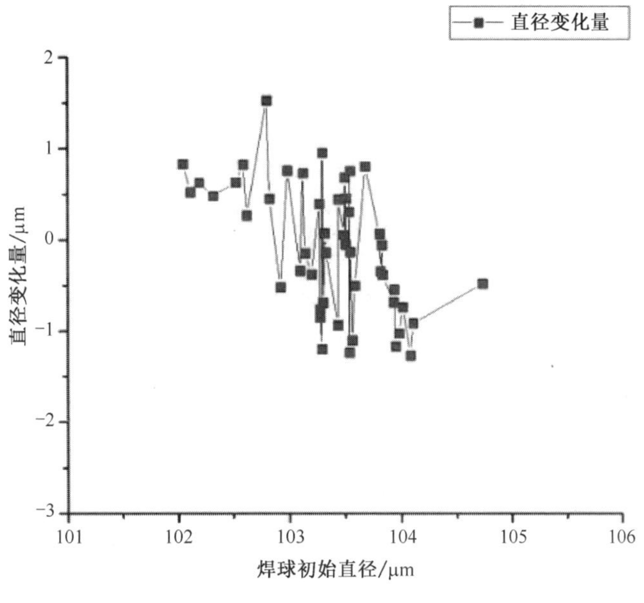

（c）焊球直径变化量 origin 图

图 5.42　芯片 J 焊球尺寸及变化量 origin 图（续）

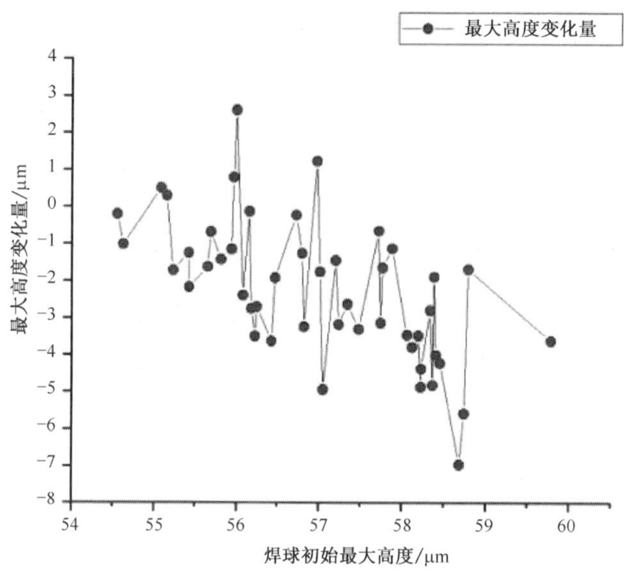

（d）焊球最大高度变化量 origin 图

图 5.42　芯片 J 焊球尺寸及变化量 origin 图（续）

5.8　X-Ray 检测仪分析结果

对 71 个样本进行 X-Ray 观察，发现所有样本均没有出现焊球脱落、TSV 槽断裂、RDL 断裂的现象，表明芯片经过 4 种试验后，可靠性没有发生变化。如图 5.43、图 5.44 所示为通过 X-Ray 检测仪观察到的 2D、3D 芯片图像，分别从各自样本总数（初始芯片样本 3 个，PC 试验后样本 2 个，TC 试验、UHAST 试验和 PCT 试验各样本 22 个）中随意抽取 1 个，共 5 个。

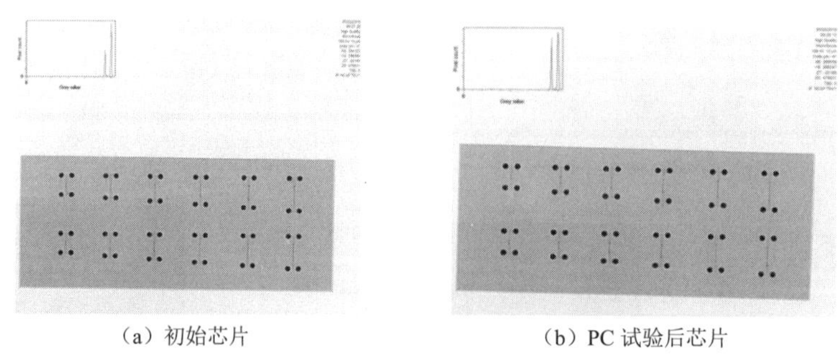

（a）初始芯片　　（b）PC 试验后芯片

图 5.43　2D X-Ray 芯片图像

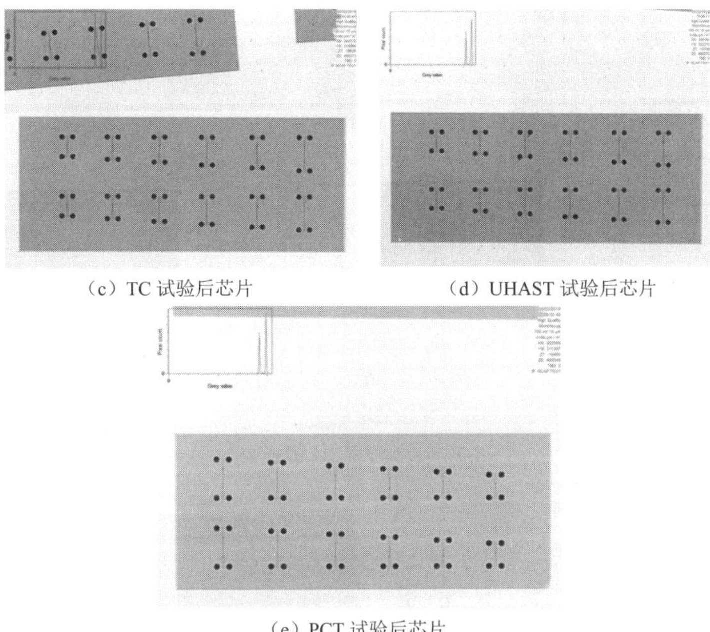

（c）TC 试验后芯片　　（d）UHAST 试验后芯片

（e）PCT 试验后芯片

图 5.43　2D X-Ray 芯片图像（续）

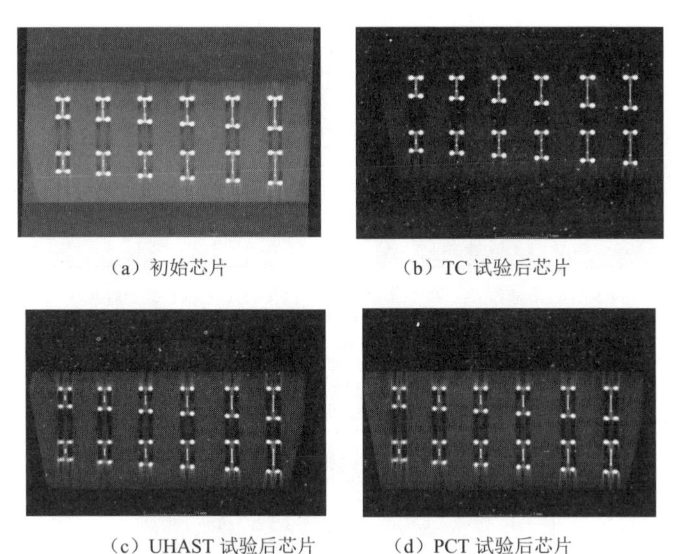

（a）初始芯片　　（b）TC 试验后芯片

（c）UHAST 试验后芯片　　（d）PCT 试验后芯片

图 5.44　3D X-Ray 芯片图像

5.9 C-SAM 分析结果

在各种试验的总样本中任意选取 2 个初始芯片、2 个 PC 实验后芯片、5 个 TC 试验后芯片、5 个 UHAST 试验后芯片、5 个 PCT 试验后芯片，对其进行 C-SAM 分析。如图 5.45 所示，分析 C-SAM 的扫描结果，发现 PCT 试验后的样品存在疑似分层现象，其他批次产品未发现明显异常。

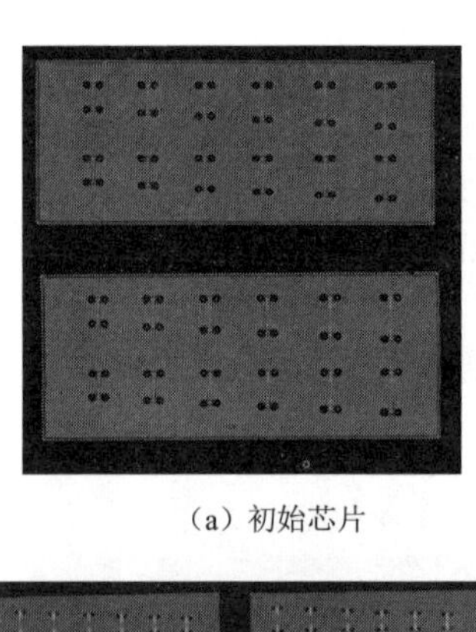

（a）初始芯片

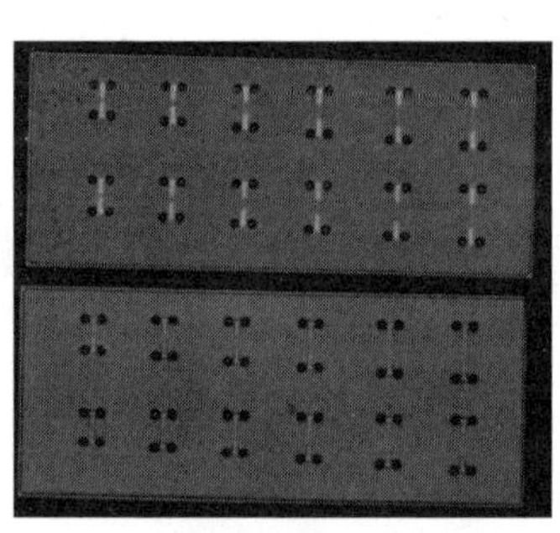

（b）PC 试验后芯片

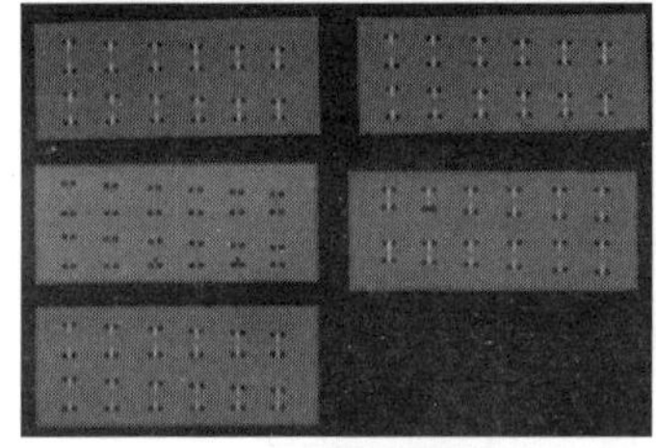

（c）TC 试验后芯片

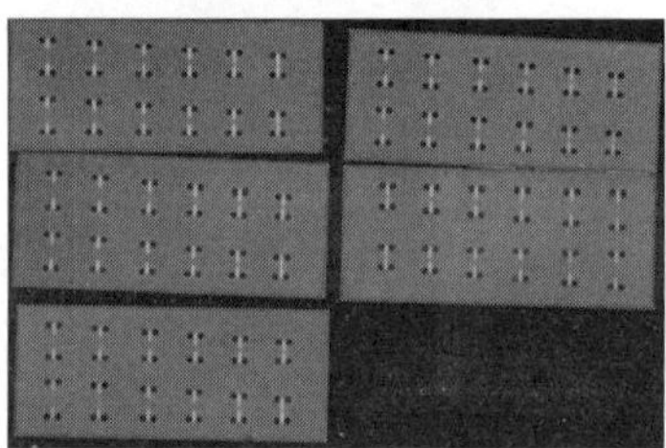

（d）UHAST 试验后芯片

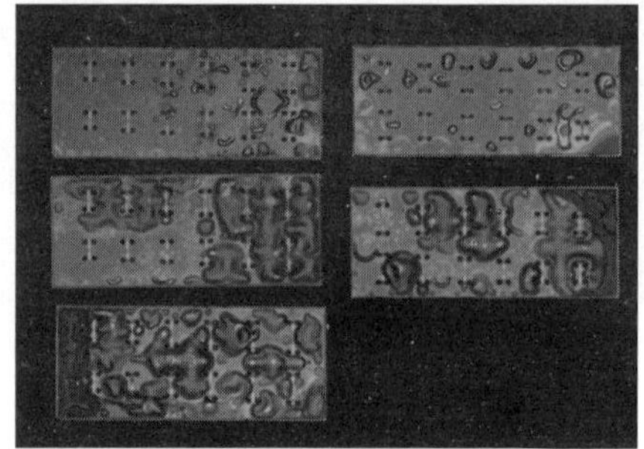

（e）PCT 试验后芯片

图 5.45　C-SAM 图像

5.10　SEM 与 EDS 分析结果

在 C-SAM 分析时所观察的 5 种样本中，每种样本任意选取 2 个，对这 10 个样本进行 SEM 分析。如图 5.46 所示为其中 4 个样本的焊球尺寸，直径均在 102～103μm 间。

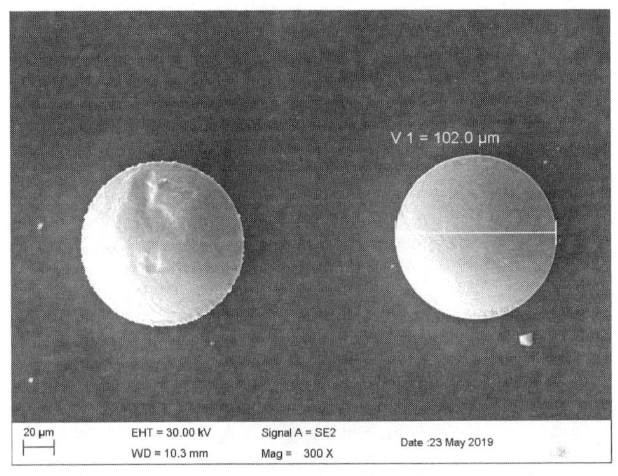

（a）初始芯片焊球

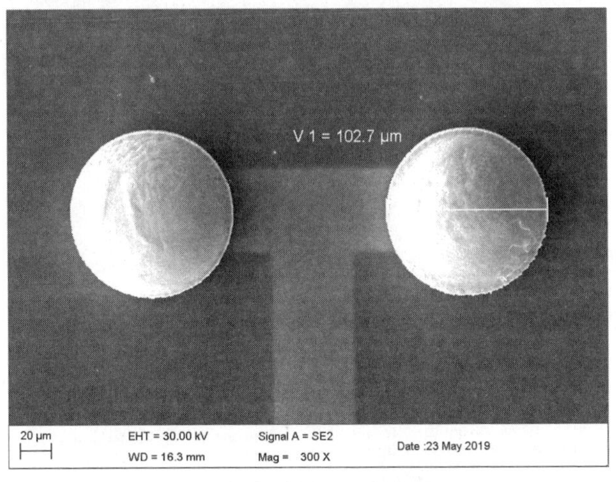

（b）TC 试验后芯片焊球

图 5.46　SEM 芯片焊球图像及直径

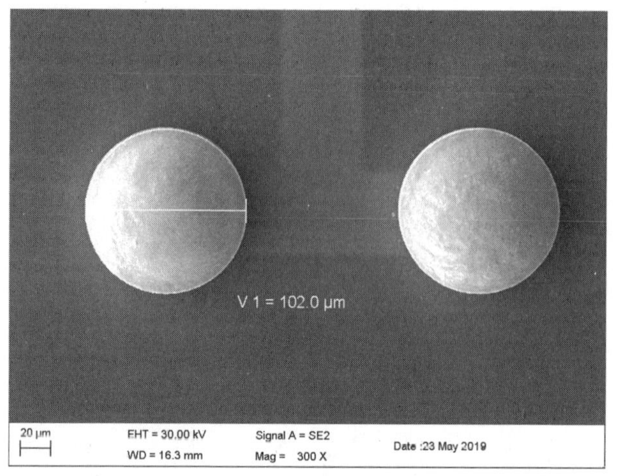

（c）UHAST 试验后芯片焊球

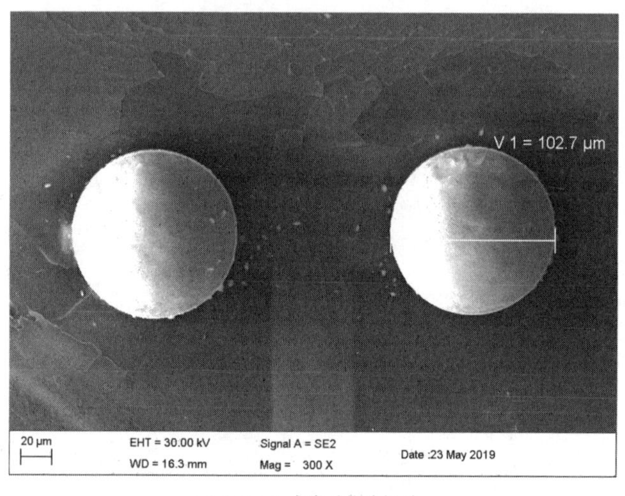

（d）PCT 试验后芯片焊球

图 5.46　SEM 芯片焊球图像及直径（续）

为了更好地进行试验前后形貌及尺寸的对比，观察焊球直径和最大高度是否发生改变、芯片是否出现分层现象等，决定对芯片截面进行观察。因芯片太小，不需要进行 FIB 切割，只需对芯片进行塑封、研磨、抛光，然后利用 SEM 观察截面，并用 EDS 对截面元素进行检测即可。将以上 10 个芯片分为 2 组，每组各包含 5 种芯片中的 1 个，一组将芯片研磨到 Trench 截面处，另一组将芯片研磨到焊球中央截面处，如图 5.47 所示。

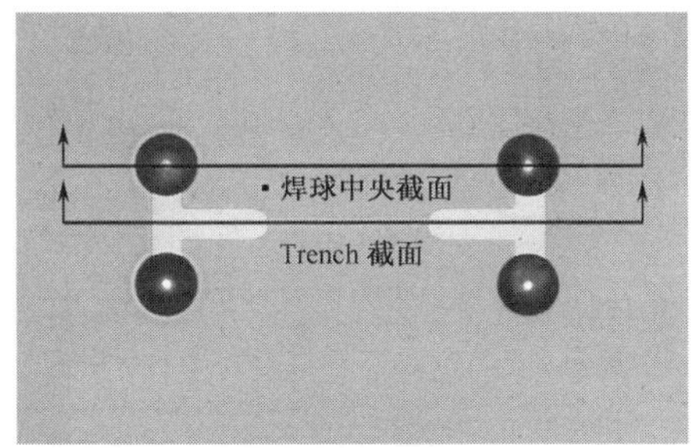

图 5.47　两种研磨截面位置

如图 5.48 所示为 Trench 截面的 SEM 图像，可见 PCT 试验后的样品存在分层现象，PI 层已出现部分翘曲，分层部位为 PI 层与 SiO_2 层，SiO_2 层与 Si 层并未出现分层现象。

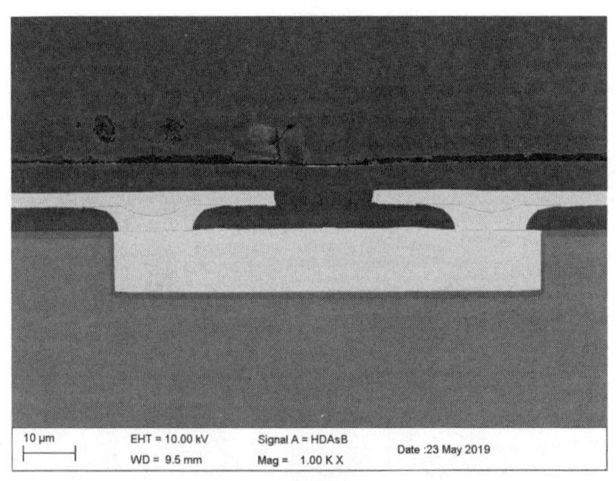

（a）初始芯片

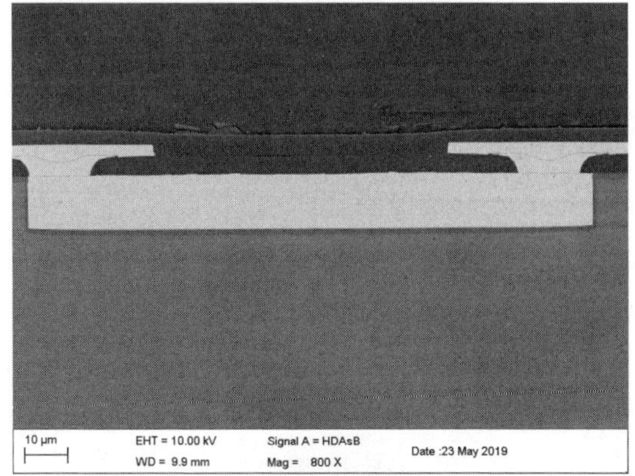

（b）TC 试验后芯片

图 5.48　SEM 下的 Trench 截面图像

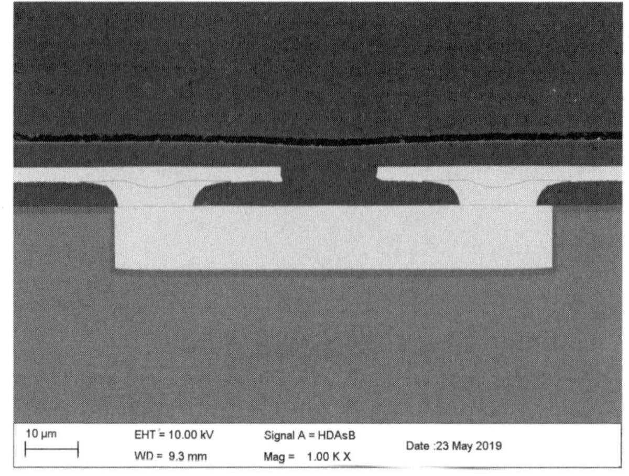

（c）UHAST 试验后芯片

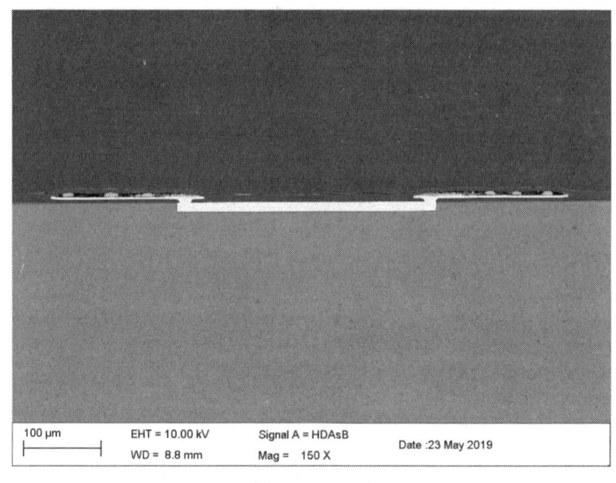

（d）PCT 试验后芯片

图 5.48　SEM 下的 Trench 截面图像（续）

对 TC 试验后的 Trench 截面进行 EDS 分析，如图 5.49 所示，图 5.49（a）为出现在 TC 试验后 Trench 处的一个气泡截面；图 5.49（b）显示标号 1 处主要元素为 Si、O、C、Al，各元素占比如表 5.11 所示，Al 元素应为研磨过程中进入的杂质，C、O 应为间隙中的空气；图 5.49（c）显示标号 2 处主要元素为 Cu，各元素占比如表 5.12 所示；图 5.49（d）显示标号 3 处主要元素为 C，各元素占比如表 5.13 所示，C 应为研磨过程中进入的杂质。

（a）Trench 截面 EDS 标注

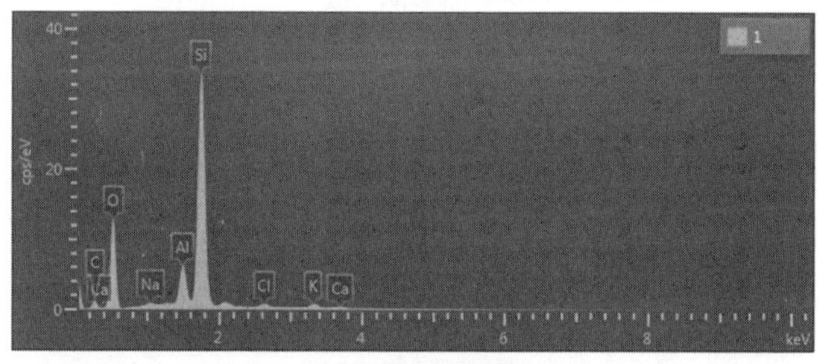

（b）标号 1 处能谱

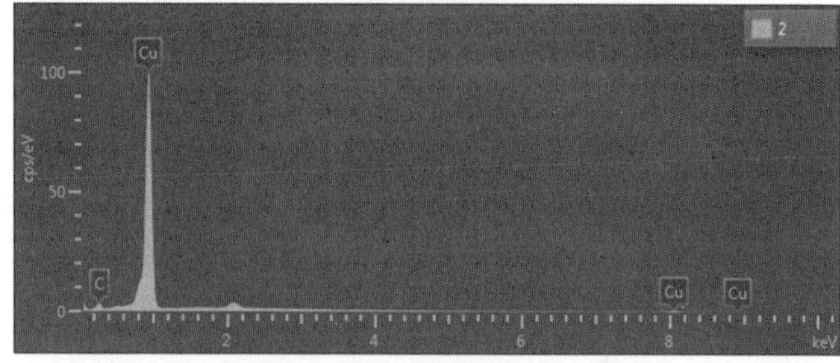

（c）标号 2 处能谱

（d）标号 3 处能谱

图 5.49　TC 试验后 Trench 截面 EDS 分析

表 5.11　TC 试验后标号 1 处元素占比[1]

元素	质量百分比/（wt%）	原子百分比/%
C	10.61	18.51
O	27.28	35.75
Na	0.36	0.33
Al	6.89	5.36
Si	50.31	37.55
Cl	1.35	0.80
K	2.34	1.25
Ca	0.86	0.45
总量	100.00	100.00

表 5.12　TC 试验后标号 2 处元素占比

元素	质量百分比/（wt%）	原子百分比/%
C	5.69	24.19
Cu	94.31	75.81
总量	100.00	100.00

表 5.13　TC 试验后标号 3 处元素占比

元素	质量百分比/（wt%）	原子百分比/%
C	75.89	83.20
O	18.61	15.32
Al	0.59	0.29
Si	0.82	0.38
S	1.17	0.48
Sn	2.92	0.32
总量	100.00	100.00

对 PCT 试验后的 Trench 截面进行 EDS 分析，如图 5.50 所示，图 5.50（a）为 PCT 试验后 Trench 截面；图 5.50（b）显示标号 1 处主要元素为 C、O、Si、Cu，各元素占比如表 5.14 所示；图 5.50（c）显示标号 2 处主要元素为 Cu，各元素占比如表 5.15 所示。

1. 各元素占比取近似值，故总量不严格为 100%。

（a）Trench 截面 EDS 标注

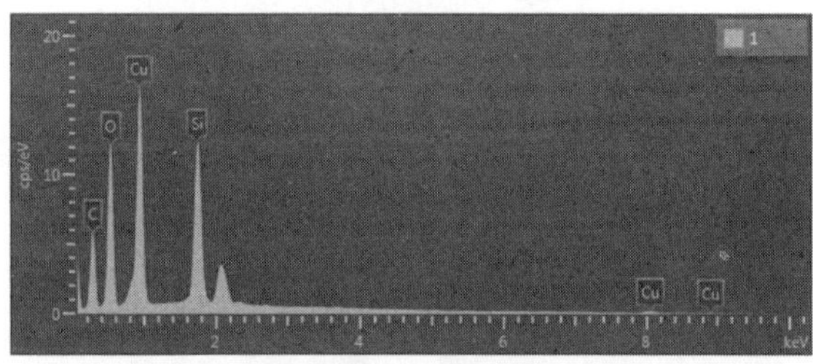

（b）标号 1 处能谱

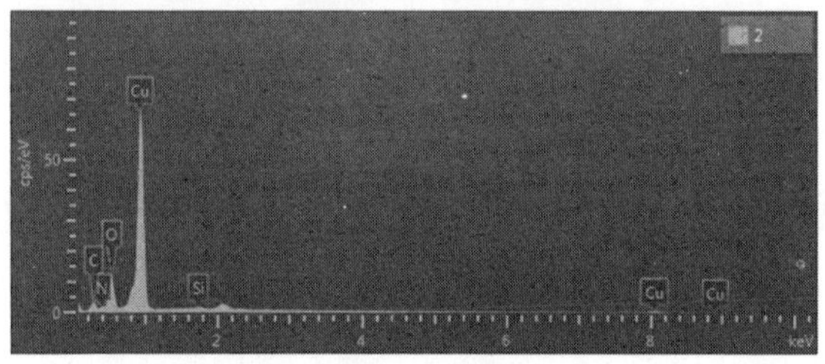

（c）标号 2 处能谱

图 5.50　PCT 试验后 Trench 截面 EDS 分析

表 5.14　PCT 试验后标号 1 处元素占比

元素	质量百分比/（wt%）	原子百分比/%
C	23.64	43.69
O	20.85	28.93
Si	18.11	14.31
Cu	37.39	13.06
总量	100.00	100.00

表 5.15　PCT 试验后标号 2 处元素占比

元素	质量百分比/（wt%）	原子百分比/%
C	7.15	22.97
N	1.94	5.34
O	8.92	21.50
Si	0.54	0.74
Cu	81.46	49.46
总量	100.00	100.00

对焊球中央截面进行 SEM 尺寸测量，如图 5.51 所示，其直径均为（102±2）μm，相对布线层的高度均在（53.4±1）μm。

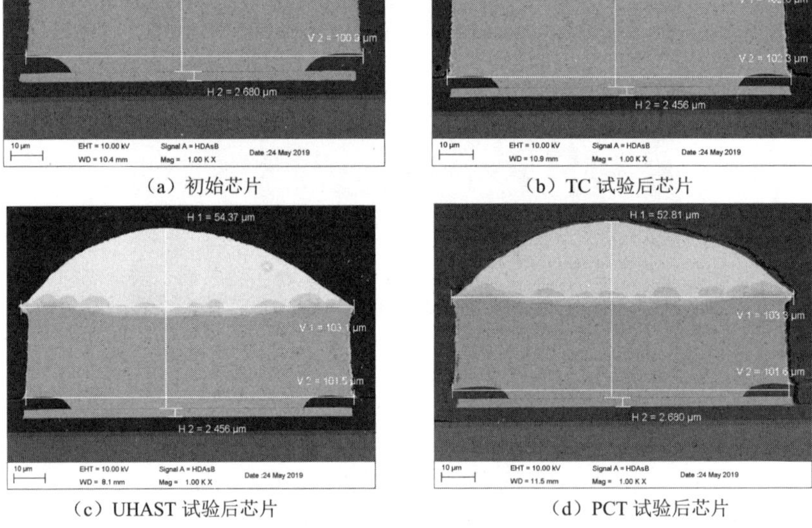

（a）初始芯片　（b）TC 试验后芯片

（c）UHAST 试验后芯片　（d）PCT 试验后芯片

图 5.51　SEM 下的焊球截面图像

对以上 5 组焊球截面进行 EDS 分析，如图 5.52 所示，图 5.52（a）利用 SEM 图像对进行 EDS 分析的部位进行标注；图 5.52（b）显示标号 1 处主要元素为 C、O、Sn，表明焊球顶部材料为 Sn，各元素占比如表 5.16 所示；图 5.52（c）显示标号 2 处主要元素为 C、O、Cu、Sn，各元素占比如表 5.17 所示；图 5.52（d）和图 5.52（e）显示标号 3、4 处主要元素均为 Cu，各元素占比如表 5.18 和表 5.19 所示。为了更好地确定标号 2 处的元素，对其进行更大倍率的观察，分析结果如图 5.53 和表 5.20 所示。

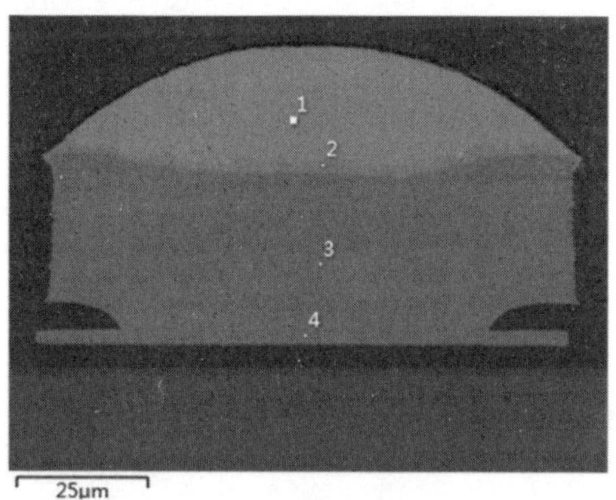

（a）焊球中央截面 EDS 标注

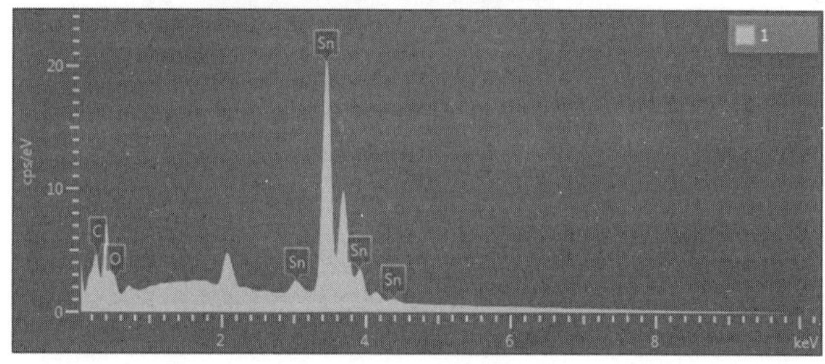

（b）标号 1 处能谱

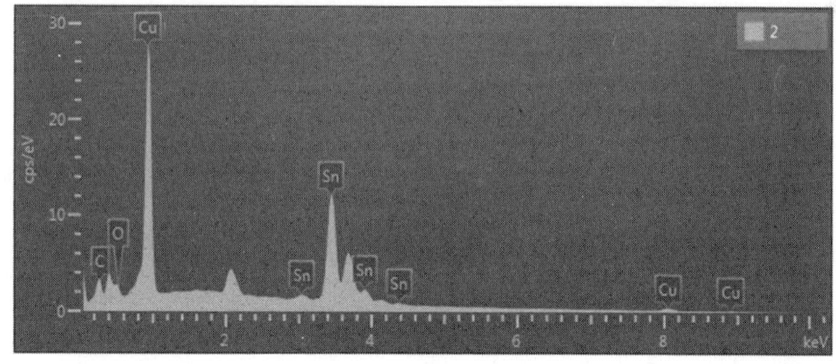

（c）标号 2 处能谱

图 5.52　初始芯片焊球中央截面 EDS 分析

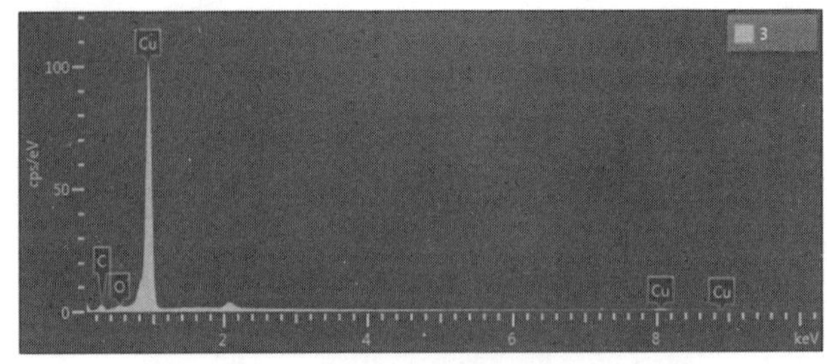

（d）标号 3 处能谱

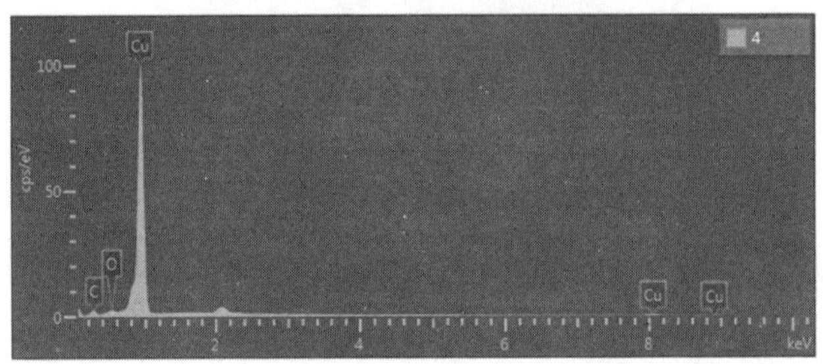

（e）标号 4 处能谱

图 5.52　初始芯片焊球中央截面 EDS 分析（续）

表 5.16　初始芯片标号 1 处元素占比

元素	质量百分比/（wt%）	原子百分比/%
C	2.22	16.82
O	1.64	9.35
Sn	96.14	73.83
总量	100.00	100.00

表 5.17　初始芯片标号 2 处元素占比

元素	质量百分比/（wt%）	原子百分比/%
C	3.11	18.28
O	1.00	4.42
Cu	39.20	43.58
Sn	56.69	33.73
总量	100.00	100.00

表 5.18　初始芯片标号 3 处元素占比

元素	质量百分比/（wt%）	原子百分比/%
C	4.94	21.22
O	0.68	2.19
Cu	94.38	76.60
总量	100.00	100.00

表 5.19　初始芯片标号 4 处元素占比

元素	质量百分比/（wt%）	原子百分比/%
C	4.86	21.03
O	0.46	1.51
Cu	94.68	77.46
总量	100.00	100.00

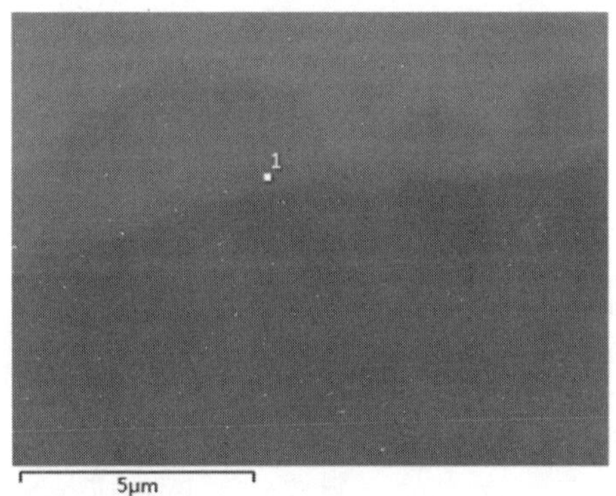

（a）图 5.52 中标号 2 处局部放大 EDS 标注

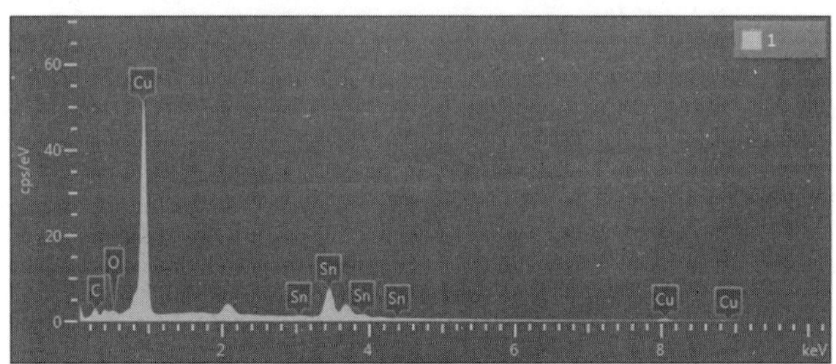

（b）局部放大处能谱

图 5.53　初始芯片标号 2 处局部放大 EDS 分析

表 5.20　初始芯片局部放大，标号 2 处元素占比

元素	质量百分比/（wt%）	原子百分比/%
C	3.45	18.03
O	0.74	2.91
Cu	61.69	60.99
Sn	34.12	18.06
总量	100.00	100.00

对 PC 试验后的焊球中央截面进行 EDS 分析，如图 5.54、图 5.55、表 5.21～表 5.25 所示。

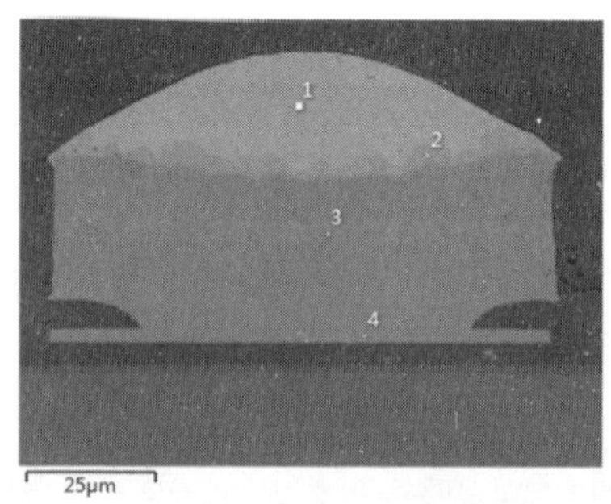

（a）焊球中央截面 EDS 标注

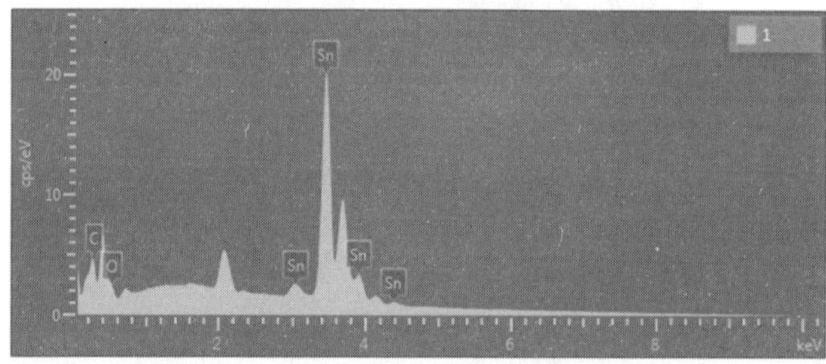

（b）标号 1 处能谱

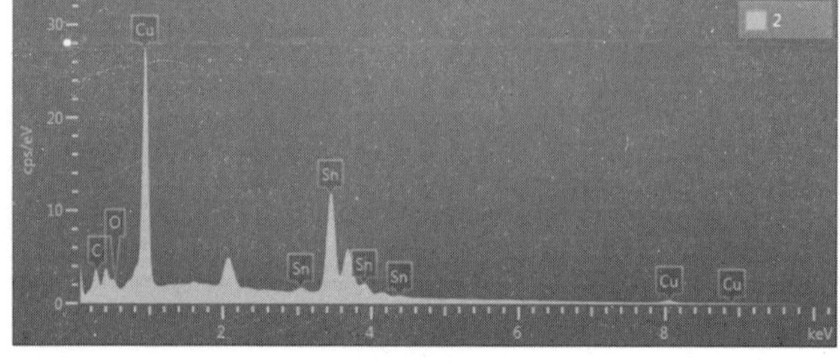

（c）标号 2 处能谱

图 5.54　PC 试验后焊球中央截面 EDS 分析

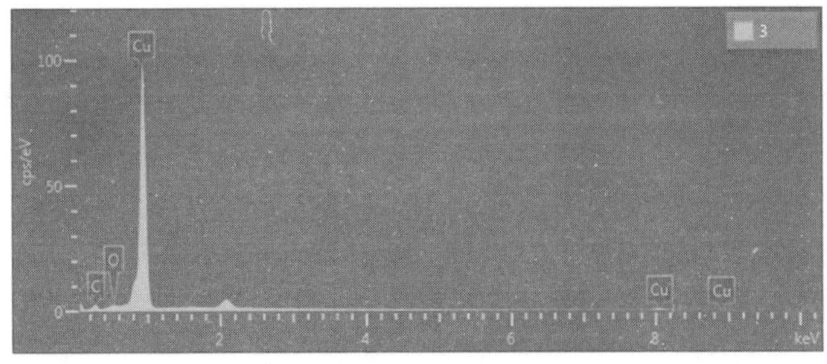

（d）标号 3 处能谱

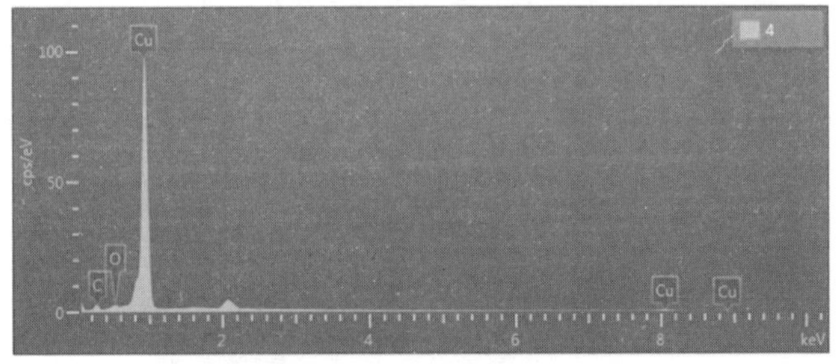

（e）标号 4 处能谱

图 5.54　PC 试验后焊球中央截面 EDS 分析（续）

表 5.21　PC 试验后标号 1 处元素占比

元素	质量百分比/（wt%）	原子百分比/%
C	2.26	17.50
O	1.19	6.91
Sn	96.55	75.59
总量	100.00	100.00

表 5.22　PC 试验后标号 2 处元素占比

元素	质量百分比/（wt%）	原子百分比/%
C	3.52	20.35
O	0.83	3.62
Cu	39.57	43.24
Sn	56.07	32.79
总量	100.00	100.00

表 5.23　PC 试验后标号 3 处元素占比

元素	质量百分比/（wt%）	原子百分比/%
C	4.58	19.93
O	0.63	2.06
Cu	94.79	78.02
总量	100.00	100.00

表 5.24　PC 试验后标号 4 处元素占比

元素	质量百分比/（wt%）	原子百分比/%
C	5.25	22.33
O	0.62	1.99
Cu	94.13	75.68
总量	100.00	100.00

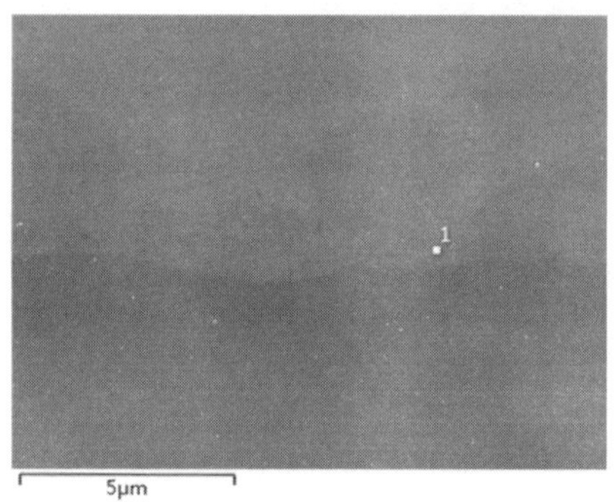

（a）图 5-54 中标号 2 处局部放大 EDS 标注

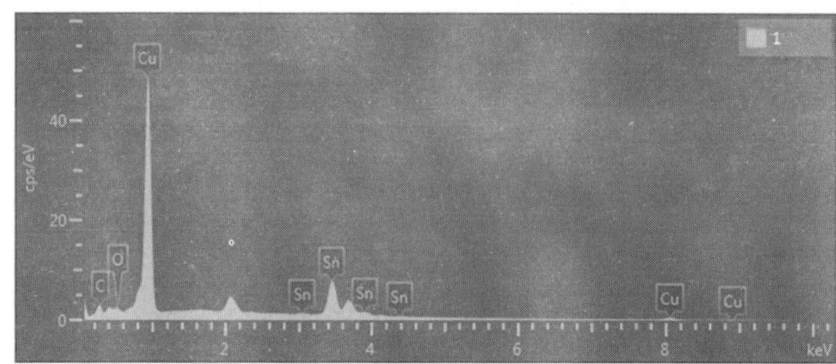

（b）局部放大处能谱

图 5.55　PC 试验后标号 2 处局部放大 EDS 分析

表 5.25　PC 试验后局部放大，标号 2 处元素占比

元素	质量百分比/（wt%）	原子百分比/%
C	3.37	17.81
O	0.73	2.90
Cu	60.38	60.31
Sn	35.51	18.99
总量	100.00	100.00

对 TC 试验后的焊球中央截面进行 EDS 分析，如图 5.56、图 5.57、表 5.26～表 5.31 所示。

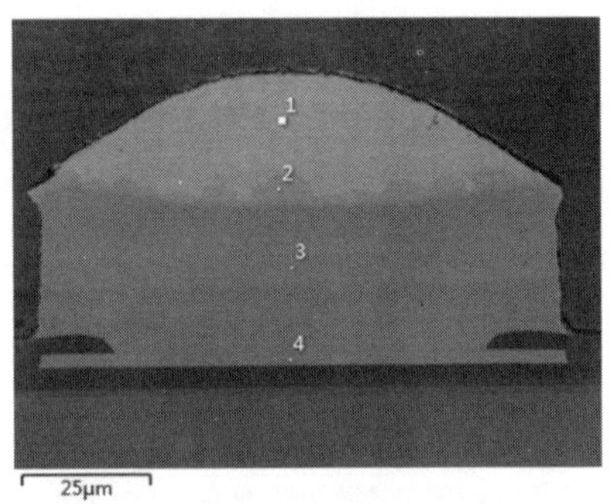

（a）焊球中央截面 EDS 标注

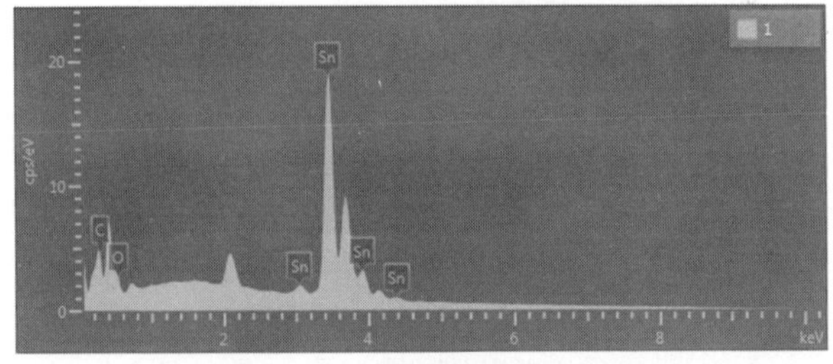

（b）标号 1 处能谱

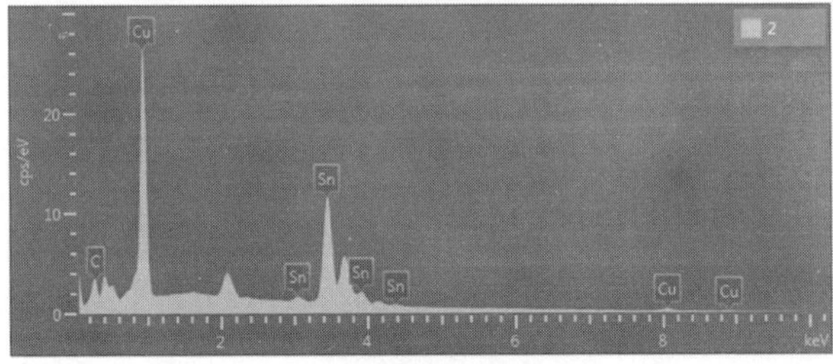

（c）标号 2 处能谱

图 5.56　TC 试验后焊球中央截面 EDS 分析

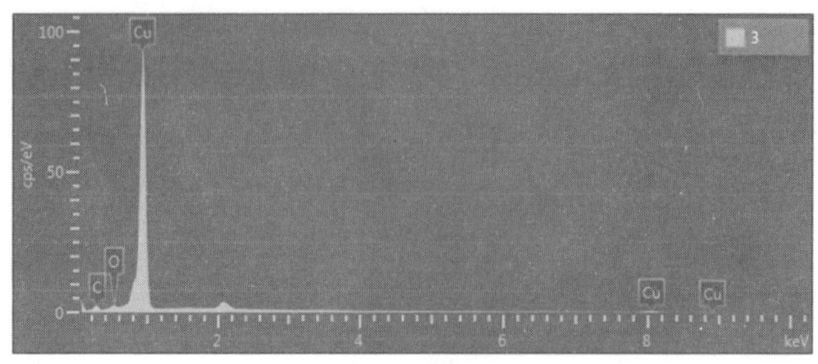

（d）标号 3 处能谱

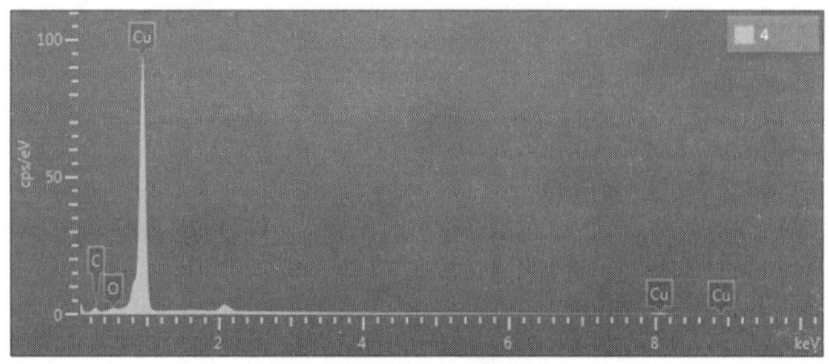

（e）标号 4 处能谱

图 5.56　TC 试验后焊球中央截面 EDS 分析（续）

表 5.26　TC 试验后标号 1 处元素占比

元素	质量百分比/（wt%）	原子百分比/%
C	2.60	19.24
O	1.65	9.17
Sn	95.74	71.59
总量	100.00	100.00

表 5.27　TC 试验后标号 2 处元素占比

元素	质量百分比/（wt%）	原子百分比/%
C	3.56	21.21
Cu	39.48	44.45
Sn	56.96	34.33
总量	100.00	100.00

表 5.28　TC 试验后标号 3 处元素占比

元素	质量百分比/（wt%）	原子百分比/%
C	4.29	18.89
O	0.57	1.89
Cu	95.14	79.23
总量	100.00	100.00

表 5.29　TC 试验后标号 4 处元素占比

元素	质量百分比/（wt%）	原子百分比/%
C	4.25	18.71
O	0.61	2.02
Cu	95.14	79.26
总量	100.00	100.00

（a）焊球中央截面标号 2 处局部放大 EDS 标注

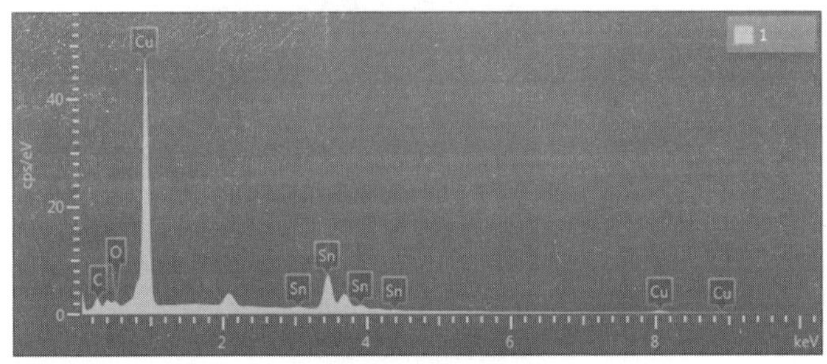

（b）局部放大标号 1 处能谱

图 5.57　TC 试验后标号 2 处局部放大 EDS 分析

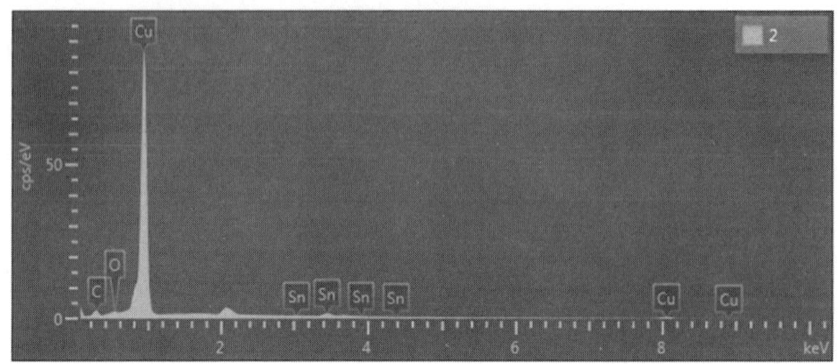

（c）局部放大标号 2 处能谱

图 5.57　TC 试验后标号 2 处局部放大 EDS 分析（续）

表 5.30　TC 试验后局部放大，标号 1 处元素占比

元素	质量百分比/（wt%）	原子百分比/%
C	3.77	19.49
O	0.77	2.98
Cu	60.73	59.36
Sn	34.74	18.18
总量	100.00	100.00

表 5.31　TC 试验后局部放大标号 2 处元素占比

元素	质量百分比/（wt%）	原子百分比/%
C	4.61	20.54
O	0.42	1.42
Cu	89.84	75.73
Sn	5.13	2.32
总量	100.00	100.00

对 UHAST 试验后的焊球中央截面进行 EDS 分析，如图 5.58、图 5.59、表 5.32～表 5.36 所示。

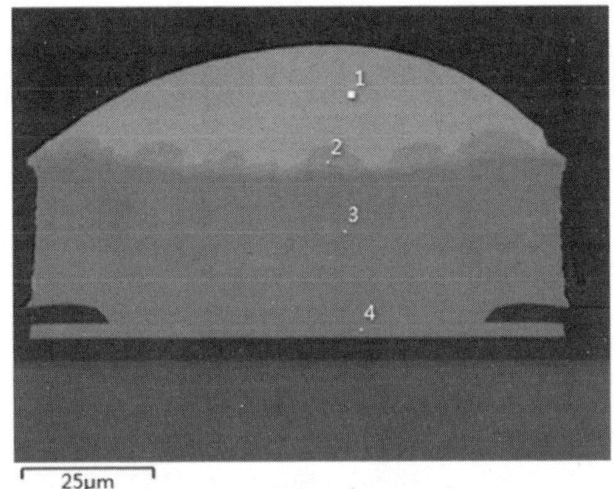

（a）焊球中央截面 EDS 标注

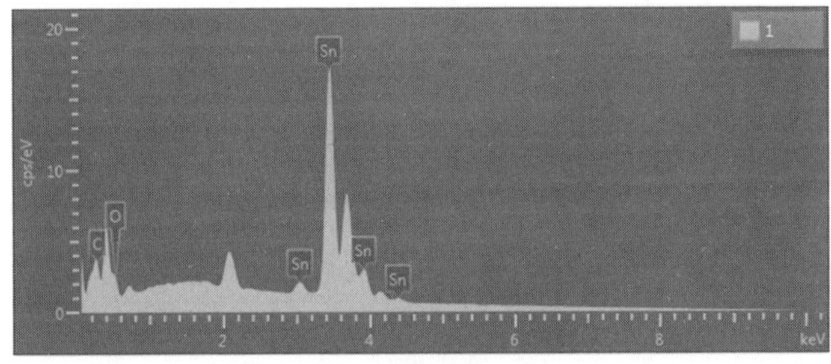

（b）标号 1 处能谱

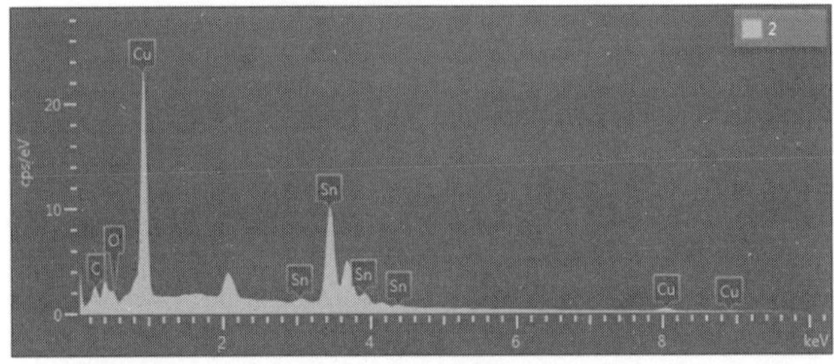

（c）标号 2 处能谱

（d）标号 3 处能谱

图 5.58　UHAST 试验后焊球中央截面 EDS 分析

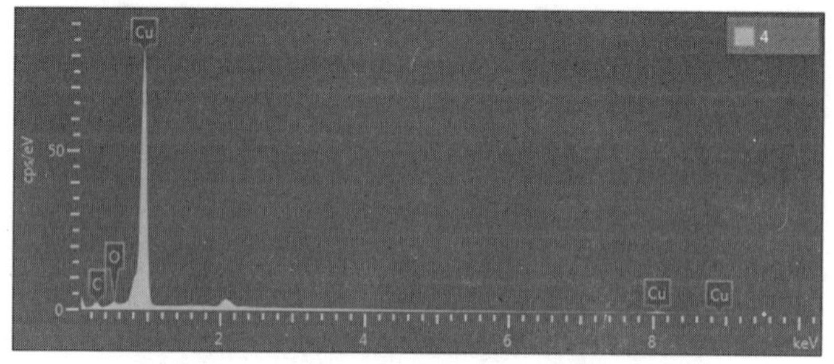

（e）标号 4 处能谱

图 5.58　UHAST 试验后焊球中央截面 EDS 分析（续）

表 5.32　UHAST 试验后标号 1 处元素占比

元素	质量百分比/（wt%）	原子百分比/%
C	2.14	16.03
O	2.01	11.30
Sn	95.85	72.67
总量	100.00	100.00

表 5.33　UHAST 试验后标号 2 处元素占比

元素	质量百分比/（wt%）	原子百分比/%
C	2.73	16.34
O	1.02	4.56
Cu	39.71	44.88
Sn	56.54	34.21
总量	100.00	100.00

表 5.34　UHAST 试验后标号 3 处元素占比

元素	质量百分比/（wt%）	原子百分比/%
C	5.33	22.56
O	0.68	2.17
Cu	93.99	75.27
总量	100.00	100.00

表 5.35　UHAST 试验后标号 4 处元素占比

元素	质量百分比/（wt%）	原子百分比/%
C	4.56	19.74
O	0.86	2.80
Cu	94.58	77.46
总量	100.00	100.00

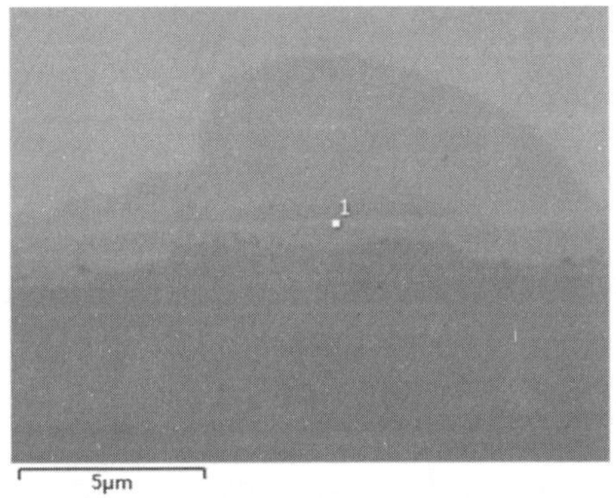

（a）图 5.58 中标号 2 处局部放大 EDS 标注

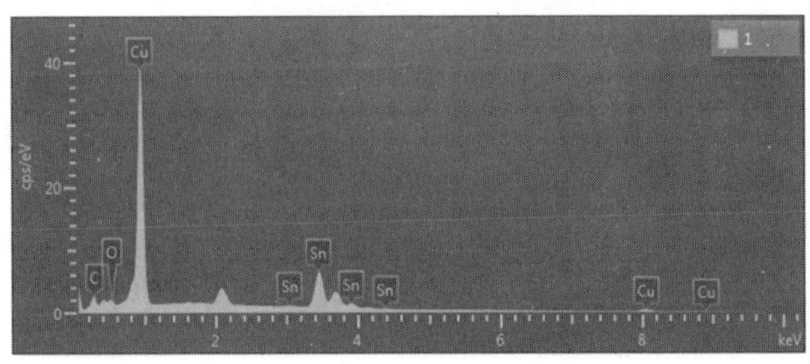

（b）局部放大能谱

图 5.59　UHAST 试验后标号 2 处局部放大 EDS 分析

表 5.36　UHAST 试验后局部放大，标号 2 处元素占比

元素	质量百分比/（wt%）	原子百分比/%
C	3.68	19.17
O	0.87	3.40
Cu	59.08	58.23
Sn	36.38	19.20
总量	100.00	100.00

对 PCT 试验后的焊球中央截面进行 EDS 分析，如图 5.60、图 5.61、表 5.37～表 5.42 所示。

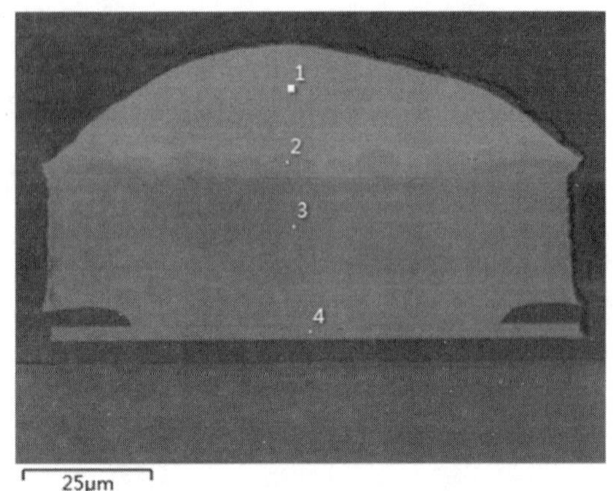

（a）焊球中央截面 EDS 标注

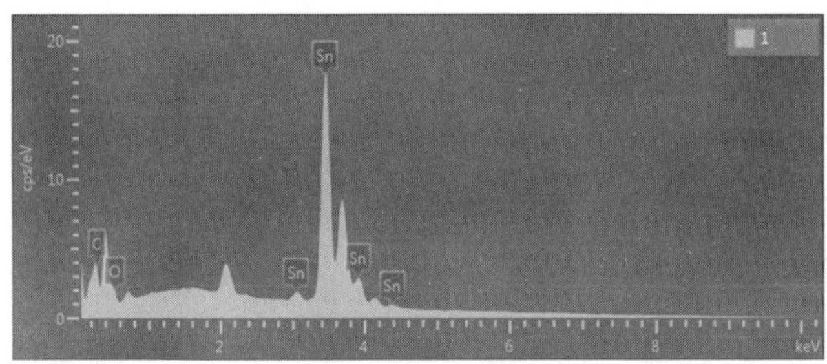

（b）标号 1 处能谱

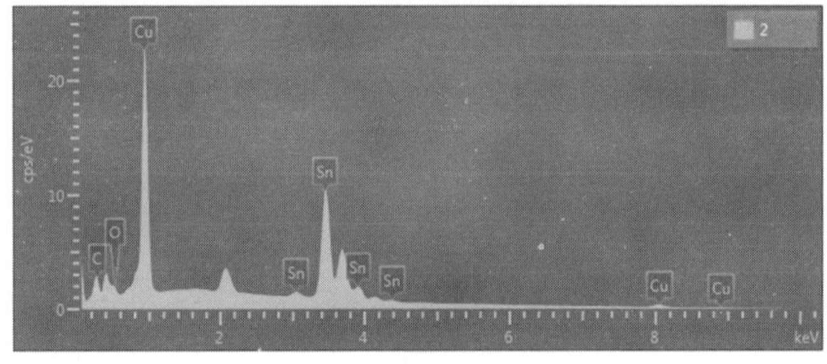

（c）标号 2 处能谱

图 5.60　PCT 试验后焊球中央截面 EDS 分析

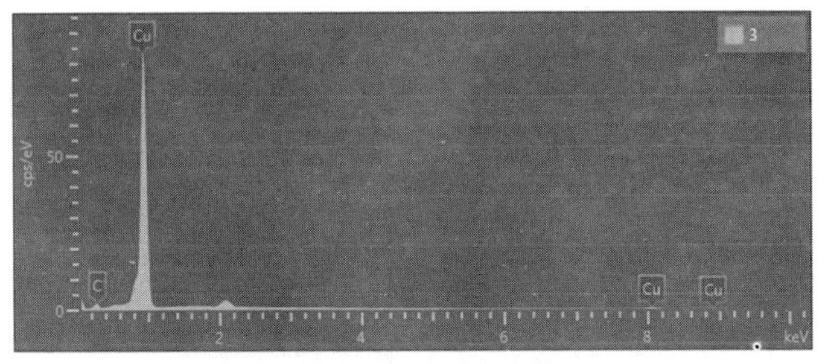

（d）标号 3 处能谱

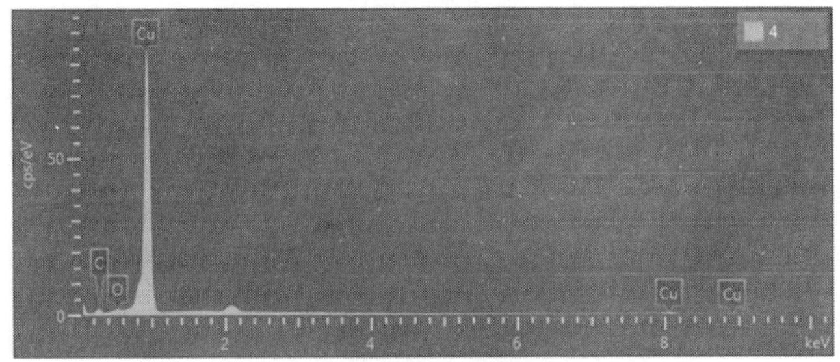

（e）标号 4 处能谱

图 5.60　PCT 试验后焊球中央截面 EDS 分析（续）

表 5.37　PCT 试验后标号 1 处元素占比

元素	质量百分比/（wt%）	原子百分比/%
C	2.15	16.83
O	1.13	6.62
Sn	96.72	76.55
总量	100.00	100.00

表 5.38　PCT 试验后标号 2 处元素占比

元素	质量百分比/（wt%）	原子百分比/%
C	3.22	19.14
O	0.69	3.08
Cu	38.47	43.17
Sn	57.61	34.61
总量	100.00	100.00

表 5.39　PCT 试验后标号 3 处元素占比

元素	质量百分比/（wt%）	原子百分比/%
C	4.44	19.72
Cu	95.56	80.28
总量	100.00	100.00

表 5.40　PCT 试验后标号 4 处元素占比

元素	质量百分比/（wt%）	原子百分比/%
C	4.25	18.82
O	0.41	1.37
Cu	95.34	79.82
总量	100.00	100.00

（a）图 5.60 中标号 2 处局部放大 EDS 标注

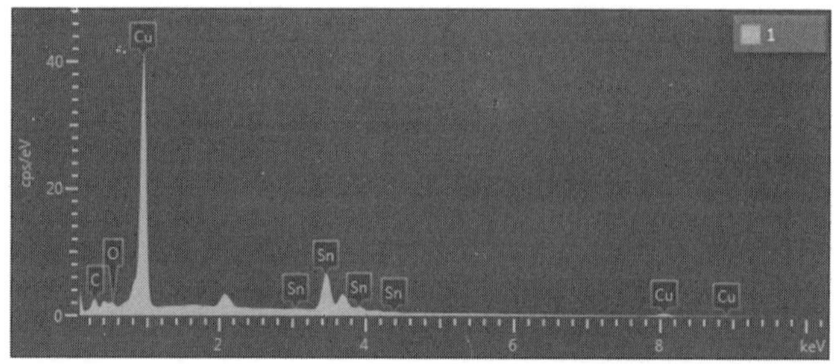

（b）局部放大能谱

图 5.61　PCT 试验后标号 2 处局部放大 EDS 分析

表 5.41　PCT 试验后局部放大，标号 2 处元素占比

元素	质量百分比/（wt%）	原子百分比/%
C	3.60	18.91
O	0.63	2.48
Cu	60.18	59.71
Sn	35.59	18.90
总量	100.00	100.00

如图 5.62 所示，观察到 PCT 试验后芯片焊球边缘出现 PI 层翘起的现象，故对翘起空洞内部的成分进行分析，元素占比如表 5.42 所示。结果表明空洞内部主要元素为 C、O，实质应为研磨芯片过程中所进入的杂质。

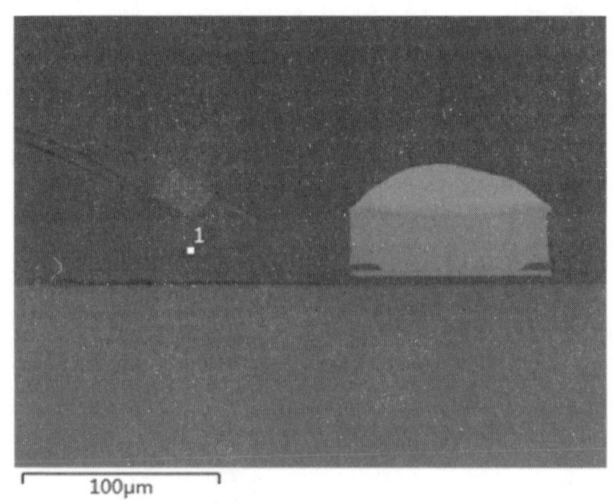

（a）焊球中央截面 PI 层翘起空洞 EDS 标注

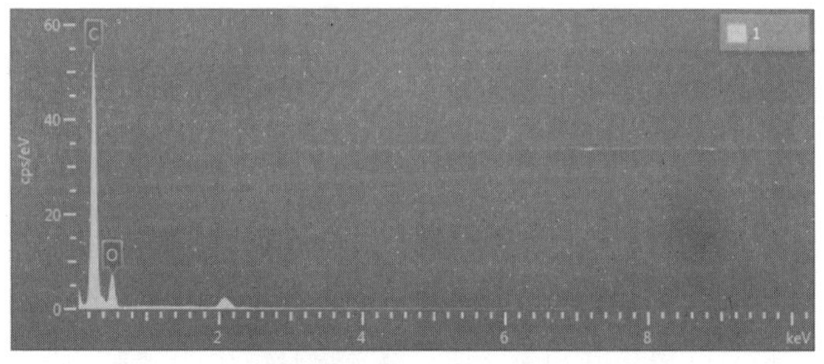

（b）PI 层翘起空洞内部能谱

图 5.62　PCT 试验后 PI 层翘起空洞内部 EDS 分析

表 5.42　PCT 试验后 PI 层翘起空洞内部元素占比

元素	质量百分比/（wt%）	原子百分比/%
C	78.46	82.91
O	21.54	17.09
总量	100.00	100.00

5.11　本章小结

本章整理了试验之后由不同的表征方法所得出的试验观察图像、相关尺寸及元素成分分析。首先整理了应用形状分析激光显微镜得到的芯片的表面形貌和焊球尺寸数据，并应用 origin 绘图软件对数据进行处理，得到清晰直观的图像；其次整理了应用 X-Ray 检测仪、C-SAM 得到的芯片图像；最后综合 SEM 和 EDS 方法对芯片 Trench 截面和焊球中央截面进行分析。

形状分析激光显微镜分析结论如下。

所用 TSV 芯片样本，单张芯片上共有 12 个焊球组合，每组各有 4 个焊球，由一侧宽边至另一侧宽边，焊球间距（即 TSV 槽长度）由短变宽，共有 6 种。

PCT 试验后的芯片样本表面存留大量水渍，出现局部翘曲、表层分层、表面裂痕及气泡，其他试验芯片表面无明显变化。

4 组试验后焊球直径无明显改变。初始芯片焊球直径为 101.671～104.940μm；PC 试验后为 101.817～104.489μm，变化量为-2.700～1.476μm；TC 试验后为 102.014～104.989μm，变化量为-2.328～1.894μm；UHAST 试验后为 101.074～104.990μm，变化量为-2.332～2.054μm；PCT 试验后为 101.109～104.483μm，变化量为-2.947～2.075μm。分析原因：一是制造时出现的误差（允许误差为±5μm），使每个焊球的直径不完全相同，会有几微米的浮动；二是由于多文件分析软件需要手动绘制辅助线测量，微小的调整就会造成几微米的人为误差；三是由于试验后，高温高湿的条件使焊球直径有微小的膨胀；四是试验后部分焊球轮廓在激光显微镜下略微模糊且存在阴影，会导致测量出来的焊球直径偏大。

4 组试验后焊球最大高度略微减小并相近。初始芯片焊球最大高度为 53.968～59.778μm；PC 试验后为 51.598～59.970μm，变化量为-6.205～2.627μm；TC 试验后为 51.385～59.336μm，变化量为-6.782～2.684μm；UHAST 试验后为 50.020～59.870μm，变化量为-7.775～3.223μm；PCT 试验后为 50.408～59.567μm，变化量为-8.055～2.697μm。分析原因：一是制造时出现的误差；二是多文件分析软件对焊球最大高度的捕捉有误差；三是由于试验后，高温高湿的条件使焊球顶部的 Sn 帽有微小塌陷，或尖峰变缓甚至消失，温湿度越高，焊球最大高度降低越多，数值也越趋于一致。

总结而言，实验前后，焊球直径无明显变化，集中分布于 102～104μm 间，最大高度有微小下降，数值分布更为均匀，在 52～57μm 间。

X 射线检测仪、超声波扫描电子显微镜分析结论如下。

所有试验样本均没有出现焊球脱落、内部引线断裂的现象。

C-SAM 结果表明 PCT 样品存在疑似分层，其他试验样本无明显变化。

场发射扫描电子显微镜及 X 射线能谱仪分析结论如下。

从初始、TC 试验后、UHAST 试验后、PCT 试验后的样品中各自任选一个芯片，随机测量一个焊球直径，尺寸分别为 102μm、102.7μm、102μm、102.7μm，表明焊球直径在实验前后基本不变，大约为 102～103μm。研磨后的 Trench 截面的 SEM 图像及 EDS 能谱表明，TC 试验后有一个气泡出现，原因可能是由于拿取芯片时划伤了芯片表面，故其附近会有气泡出现，也有其他可能；PCT 试验后的芯片样本表面存留大量水渍，出现局部翘曲、表层分层、表面裂痕及气泡等现象，材料元素及分布无变化，只有少量材料元素在研磨过程中进入了空洞。研磨后的焊球中央截面的 SEM 图像及 EDS 能谱表明，焊球高度集中于（53.4±1）μm，尺寸和形状与初始芯片相比无变化。

综合以上分析结论，PCT 试验后的芯片变化最明显，变化集中于 PI 层与 SiO_2 分层、PI 层翘曲、裂纹、气泡等。所有试验样本均没有出现焊球脱落、内部引线断裂等失效，故 TSV 芯片可靠性较高。未来可以寻求合适的材料替代 PI 作为芯片的表面保护层，使高温高湿环境下的芯片表面减少翘曲、裂纹、气泡等现象的出现。

本章参考文献

[1] 林子明，崔同兵，谷荧柯，靳旭，任军. 多功能车辆总线芯片验证研究与实现[J]. 铁路通信信号工程技术，2018，15（07）：8-13.

[2] 周泰. 微电子封装技术的发展趋势研究[J]. 现代信息科技，2018，2（08）：52-53.

[3] 许杨剑. 球栅阵列尺寸封装的有限元法模拟及焊点的寿命预测分析[D]. 浙江工业大学，2004.

[4] 王文. SMT 无铅焊点在随机振动载荷下的可靠性分析[D]. 上海交通大学，2010.

[5] Hsin-En Cheng, Rong-Sheng Chen. Interval optimal design of 3-D TSV stacked chips package reliability by using the genetic algorithm method[J]. Microelectronics Reliability, 2014, 54: 2881-2897.

[6] 郑畅. 博通再谈摩尔定律:5nm是半导体极限 看好石墨烯[J]. 半导体信息，2013（06）：32-33.

[7] 童志义. 3D IC 集成与硅通孔（TSV）互连[J]. 电子工业专用设备，2009，38（03）：27-34.

[8] He, Hongwen, Jing, Xiangmeng, Cao, Liqiang, Yu, Daquan, Xue, Kai, Zhang, Wenqi. Influence of thermal annealing on the deformation of Cu-filled TSV[P]. Electronics System-Integration Technology Conference (ESTC), 2014.

[9] Kirsten Weide-Zaage. Simulation of packaging under harsh environment conditions (temperature, pressure, corrosion and radiation)[J]. Microelectronics Reliability, 2017, 76-77.

[10] 丁小东. 电子设备的热设计[J]. 四川通信技术，2000（03）：46-48.

[11] 王坚，徐国华. 电子设备热分析及优化设计[J]. 广东工业大学学报，2003（03）：54-57.

[12] E. Grünwald, J. Rosc, R. Hammer, P. Czurratis, M. Koch, J. Kraft, F. Schrank, R. Brunner. Automatized failure analysis of tungsten coated TSVs via scanning acoustic microscopy[J]. Microelectronics Reliability, 2016, 64.

[13] Ryu S K, Lu K H, et al. Impact of near-surface thermal stresses on interfacial reliability of through-Silicon vias for 3-D interconnects[J]. IEEE Transactions on Device & Materials Reliability, 2011, 11(1): 35-43.

[14] 徐龙潭. 电子封装中热可靠性的有限元分析[D]. 哈尔滨工业大学，2007.

[15] Yuling Niu, Jing Wang, Shuai Shao, Huayan Wang, Hohyung Lee, S. B. Park. A comprehensive solution for electronic packages' reliability assessment with digital image correlation (DIC) method[J]. Microelectronics Reliability, 2018, 87.

[16] 马瑞，苏梅英，刘晓芳，王旭刚，曹立强. TSV 电迁移影响因素的有限元分析[J]. 电子元件与材料，2019，38（02）：93-97.

[17] 聂磊，姜传恺，贾雯，钟毓宁. TSV 封装内部缺陷的温度分布影响研究[J]. 电子元件与材料，2018，37（08）：87-92.

[18] 魏丽，陆向宁，郭玉静. 硅通孔形状和填充材料对热应力的影响[J]. 南京理工大学学报，2018，42（03）：364-369.

[19] 于思佳，陈善圣，苏德淇，沈志鹏，张元祥. 3D 堆叠封装硅通孔结构的电-热-结构耦合分析[J]. 电子元件与材料，2019，38（04）：42-47.

[20] 陈志铭，谢奕，王士伟，于思齐. 低阻硅 TSV 与铜 TSV 的热力学变参分析[J]. 北京理工大学学报，2018，38（11）：1177-1181.

[21] Xue-Ru Guo, Wen-Bin Young, Vacuum effect on the void formation of the molded underfill process in flip chip packaging[J]. Microelectronics Reliability, 2015, 55: 613-622.

[22] Hongzhan An, Zhan Liu, Qing Tian, Junhui Li, Can Zhou, Xiaohe Liu, Wenhui Zhu. Thermal behaviors of nanoparticle reinforced epoxy resins for microelectronics packaging[J]. Microelectronics Reliability, 2019, 93: 39-44.

[23] Meiying Su, Liqiang Cao, Tingyu Lin, Feng Chen, Jun Li, Cheng Chen, Gengxin Tian. Warpage simulation and experimental verification for 320 mm × 320 mm panel level fan-out packaging based on die-first process[J]. Microelectronics Reliability, 2018, 83: 29-38.

[24] P. Kumar, I. Dutta. Influence of electric current on diffusionally accommodated sliding at hetero-interfaces[J]. Acta Materialia, 2010, 59(5): 2096-2018.

[25] I. Dutta, P. Kumar, M. S. Bakir. Interface-related reliability challenges in 3-D interconnect systems with through-silicon vias[J]. JOM, 2011, 63(10): 70-77.

[26] 冉红雷，彭浩，黄杰. 三维封装微系统中 TSV 技术研究[J]. 电子质量，2018（12）：111-115.

[27] 范志锋，齐杏林，雷彬. 加速可靠性试验综述[J]. 装备环境工程，2008（02）：37-40.

[28] Fa Xing Che, Xiaowu Zhang, Jong-Kai Lin. Reliability study of 3D IC packaging based on through-silicon interposer (TSI) and silicon-less interconnection technology (SLIT) using finite element analysis[J]. Microelectronics Reliability, 2016, 61: 64-70.

[29] Austin Lancaster, Manish Keswani. Integrated circuit packaging review with an emphasis on 3D packaging[J]. Integration, the VLSI Journal, 2018, 60: 204-212.

[30] Laura Frisk, Kirsi Saarinen-Pulli. Reliability of adhesive joined thinned chips on flexible substrates under humid conditions[J]. Microelectronics Reliability, 2014, 54(9-10): 2058-2063.

[31] Wissam Sabbah, Pierre Bondue, Oriol Avino-Salvado, Cyril Buttay, Hélène Frémont, Alexandrine Guédon-Gracia, Hervé Morel. High temperature ageing of microelectronics assemblies with SAC solder joints[J]. Microelectronics Reliability, 2017, 76-77: 362-367.

[32] 王士伟，严阳阳，程志强，陈淑芬. 低阻硅 TSV 高温工艺中的热力学分析[J]. 北京理工大学学报，2017，37（02）：201-206.

[33] 陈鹏飞，宿磊，独莉，廖广兰，史铁林. TSV 三维集成的缺陷检测技术[J]. 半导体技术，2016，41（01）：63-69.

[34] 张宁. 三维集成中的 TSV 技术[J]. 集成电路应用，2017，34（11）：17-22.

[35] Rao, V.S., Ho Soon Wee, Vincent, L., Li Hong Yu, Liao Ebin, Nagarajan, R., Chai Tai Chong, Xiaowu Zhang, Damaruganath, P.. TSV interposer fabrication for 3D IC packaging[P]. Electronics Packaging Technology Conference, 2009. EPTC '09. 11th, 2009: 431-437.

[36] 黄传实. TSV-Cu 结构应力测试装置与测试方法研究[D]. 北京工业大学，2014.

[37] JESD22-A113E, Preconditioning of Nonhermetic Surface Mount Devices Prior to Reliability Testing[S]. Arlington: Solid State Technology Association, 2006.

[38] JESD22-A104E, Temperature Cycling[S]. Arlington: Solid State Technology Association, 2014.

[39] JESD22-A118E, Accelerated Moisture Resistance-Unbiased HAST[S]. Arlington: Solid State Technology Association, 2000.

[40] JESD22-A102E, Accelerated moisture resistance. Unbiased autoclave[S]. Arlington: Solid State Technology Association, 2015.

[41] IPC/JEDECJ-STD-020.1, Moisture/Reflow Sensitivity Classification for Nonhermetic Solid State Surface Mount Devices[S]. Arlington: Solid State Technology Association, 2008.
[42] GJB 548B. 微电子器件试验方法和程序[S]. 中国人民解放军总装备部:2005.
[43] GJB 7400，合格制造厂认证用半导体集成电路通用规范. 中国人民解放军总装备部：2011.

反侵权盗版声明